〝林業再生〟最後の挑戦

「新生産システム」で未来を拓く

天野礼子
AMANO Reiko

農文協

使い、勝手のよい針葉樹を全国で大量に植林した。この時、本来は広葉樹の領域で治水のための〝留山《とめやま》〟(立ち入りを禁じられた山)と過去にはされていたところへまで植えてしまったのも問題だった。

いま、それらの木が好伐期を迎えているが、「日本のスギが世界一安い」という状況にあって過疎の村に放置された人工林は、二〇〇四年や二〇〇六年の山林崩壊や土石流の原因となるに至っている。

「一九六〇(昭和三十五)年に木材が自由化されて関税がゼロの安い外材が輸入され、国産材は駆逐された」という言い方がこれまでされていたが、実態はまだ木材が高値をつけていた時代に「乾燥」に対する努力を官も民も怠った、というのが今日の危機をつくってきたといえよう。

しかしそこにいま、これまでとはちがう状況が出現した。林野庁が「新流通システム」とそれに続く「新生産システム」を誕生させ、これまでは外材を使っていた木材業界人たちに、太いロットでまず自分たちが国有林から人工林間伐材を大量に出してゆくことを約束したのだ。原油の高騰が外国からの船舶の船賃を上げ、それを後押ししている。

これが、「林業を再生させる」と林野庁は張りきっている。一方、〝最後のチャンス〟かもしれないが「失敗すれば林業はもう立ち直れない」と心配しながらも、挑戦することから逃げないという人たちもいる。この本には、その両方の方々に登場していただいた。とにかく急いで、いまのこの「ピンチはチャンス」（かもしれない？）状況を、日本の多くの市民に知ってもらいたいからだ。

私が尊敬する植物生態学者、京都大学名誉教授の河野昭一先生は、最近の朝日新聞「私の視点」に「天然林伐採反対」と論陣を張られた。水土保全林に指定されている保安林で天然林大規模伐採がいまも進められていると怒る。一九九七年に林野庁の累積赤字三兆八〇〇〇億円のうち二兆八〇〇〇億円を一般会計より補填したのに、残りの一兆円は五〇年の自助努力で返済すると残したために借金は一兆二八〇〇億円まで再び膨らんでおり、「新規借入金なしの収支均衡」が至上命令となってしまっていて〝虎の子〟の天然林に手をつけられているというのだ。この、天然林の伐採で得られる年間収益は一〇〇億円に過ぎない。

数百年、数千年と生きてきた〝森の回廊〟には、森と共存する日本特有の動植物や土の中に生きる植物の種子などが含まれており、この森のつらなりを断絶してはいけないのだ、と河野先生はおっしゃる。

この河野先生などが一九八〇年代には「林野庁解体論」を唱えられていて、多くの日本人は「木は伐っちゃいけない」と思っていたのではないだろうか。私自身も当時そう思っていたし（いまも天然林については変わらない）、いまでも森のことを話すと子どもたちから「オバチャン、木は伐っちゃいけないんだよ。木は植えるんだよ」といわれる。

実は、種の保存のための貴重な天然林は「伐っちゃいけなく」て、人工林は反対に「伐ってあげなくちゃいけない」という教育を、私たちは、まだ六七％もの森林率をかろうじてもつ「森林国」の国民であるにもかかわらず、受けてこなかったのである。数年前には、小学校の教科書から「林業」という記述が消えていた時もあった。

一九歳で釣りを覚えてから今日までの三四年間、私は年間一〇〇日くらい川を歩いてきた。そして五年くらい前からである、自分には川を見ていた右目の他に左目もあって、どうやら森を見て、その行く末を心配していたのだなと気づいたのは……。

二〇〇五年は『〝緑の時代〟をつくる』（旬報社）を上梓して、わが国はもっと木質バイオマスエネルギーの活用を考えるべきであるとお伝えした。

今回のこの本は〝林業再生〟そのものをテーマとした。「林野庁解体論」を私はとらない。林野庁の一兆二八〇〇億円までに再び増えてしまった赤字は、国民負担で全額返済し、そのかわりに経済同友会が提案した「グリーンプラン」のように一度やってみてはと提案したい。一兆円は、二〇〇五年の愛知万博の予算とほぼ同額に過ぎず、本当に必要な森林政策ならば、他を削っても支出すべきである。削るべき公共事業はたくさんある。

そのかわり、林野庁の皆さんには約束をしてほしい。急ぎすぎず、しかし「悠々として急いで」

（わが師・開高健の遺言）ほしいのだ。今度は失敗しないように。そして一番厳しい人の意見を取り入れて、〃林業再生〃が国民全体の議論となり得るような動きをつくってもらいたい。

そのために第一章には、「林野庁再生」の立て役者であるお二人に登場をいただき、九州森林管理局長の山田壽夫さんには持論を展開していただいた。しかし、その視点が偏っていないかは、自らも充分点検していただく必要があるだろう。

そして、私たち国民も、林野庁を応援しつつ、次に挙げるような森林国としてなさけない現実を、二十一世紀中葉には変えられるように努力したい。

・使用する木材の乾燥を化石燃料で行っている。
　先進国で、こんなことをやっているのは日本だけだ。木の乾燥には材のまわりの、木の皮や枝をきちんと使いきる木質バイオマス乾燥をあたりまえにする国になりたい。
・木のまわりの材を「産業廃棄物」として処理している。
　乾燥のための燃料や暖房のための熱量として使える木のまわりの材を、わざわざ「産業廃棄物」として処理するように指導しているのは国だ。これはただちに法律を改正してやめるべきである。
・足元に間伐を待っている森があるのに、使用している材の八割が輸入品である。
　森林率六七％の森林国で、これはなさけなくないか。

「日本の森の〝ピンチ〟を〝チャンス〟にするために心するべきこと」
・戦後の拡大造林期に植えた木を中心に一〇〇〇万haの人工林が育ち、使いごろになってきている。
・世界では日本のスギが一番安くなっている一方、原油が値上がりして外材が輸入しにくくなってきたため、日本でも山から材を出す「社会システム」の再構築ができれば、林業が産業として甦ることができるはず。
・国民は、「天然林を大事にする」と「人工林の間伐推進」の両方の視点をもつべき。

二〇〇六年九月

著　者

〃林業再生〃最後の挑戦
――「新生産システム」で未来を拓く――

もくじ

第三章　「二十一世紀の森づくり」を訊く

各章扉写真提供◎戸矢晃一

第一章

〝新生産システム〟で「山は動く」か？

山が、動き始めた

「日本一の山持ち」と林野庁のことを呼ぶのだと、日刊木材新聞は二〇〇六年一月十二日号に書いている。同記事の見出しには、「強い原木供給者へ」「日本一の山持ちがモデル提示」「新たな素材〝国産材〟への関心に応える」とあり、九州森林管理局が紹介されている。

それに先立つ二〇〇五年十一月二十二日号でも、やはり九州森林管理局が、局署員と業界・行政関係者など延べ三五〇人を超える参加者で、十一月七日から九日にかけて開催した「低コスト路網整備現地検討会」が紹介されている。

いったい誰が何を考え、動いているのか、話題となっている九州の現場に出かけてみた。

森林整備部長の悩み

一九九二年、九州から日本海を通過して青森に抜けた台風一九号は、一〇〇〇万㎥を超える風倒木をもたらした。当時、林野庁本庁の木材流通課流通企画担当課長補佐だった小原文悟さんは、台風によって倒された木を除去し、もう一度森林に戻して災害復旧作業に伴って、大量の丸太が市場に供給された結果、市場が供給過剰に陥り、スギの中目《なかめ》丸太（末口径《すえぐちけい》が二〇～二八cmの丸太）

が二万五〇〇〇円から一万二〇〇〇円に急落した事態に直面して、「〝強いシステム〟を山のためにつくっていかなくては」と痛感した。しかし頭では何をやる必要があるかを考えられても、その時の彼は、「原木（森）」も「予算」も「部下」ももっていなかった。

しかし、二〇〇三年八月に、九州森林管理局に配属された時、初めて「物＝森」も「金＝予算」も「人＝部下」も手にすることができた。いよいよ構想を動かす時だ。

「数は力なり！」。国有林という「（山から材をコンスタントに）絶対に出せる」と約束できる舞台が、その約束を担保にして民有林を巻き込み、丸太を安定供給する〝社会システム〟を構築する構想だ。

その構想を二年くらい九州森林管理局内や東京へ向けて叫んでいると、まず二〇〇四年四月に、肥後賢輔氏が森林計画部長に配属されて来た。肥後さんは、高知県森林局次長に配属されていた二〇〇〇年から二〇〇三年に、大正町（現・四万十町）の産業課長である田辺由喜男さんから山の〝道づくり〟を学んでいた人物である（168頁参照）。森の中に、これまでの林野庁の規格よりも小さな、壊れない林内作業道をつけることは小原さんも考えていたが、まだ実現できていなかった。だから、それを肥後さんとやろうと思った。

田辺由喜男さんの道づくりは、徳島県那賀川流域の橋本光治《みつはる》さんが師匠で（83頁参照）、その橋本さんの師は、大阪の指導林家の大橋慶三郎氏。大橋さんは人工林内の地層、地質、水脈、その地域での森づくりの特徴、をすべて考慮に入れて、危険のないように道を配備することの重要性を説く、『急傾斜地の路網マニュアル』を一九八九年に、『路網を生かした間伐林業のマネージメント』を一九九二年に、『大橋慶三郎　道づくりのすべて』（すべて全国林業改良普及協会）を二〇〇三年に上梓されている。

高知県大正町では、田辺さんが林内路網をつけ始めてから町有林の経営が黒字となり、いまでは森林組合も同じ道づくりで経営を安定させている。いまの木材価格の下落に負けない森林経営の決め手は、大橋式にさらにコスト意識を強く加えた「田辺式」だと、小原さんと肥後さんは考えた。肥後さんと同じ二〇〇四年に局長として九州に配属された島田泰助さんが、過去に〝大橋さんの道づくり〟を二度見せてもらい、大正町へも行って〝田辺さんの道づくり〟も見ていた人物であったことも幸いした。

林業再生のためには

小原文悟さんは日本の山の現状を、「〝安い輸入品〟に負けていた時代から〝高い輸入品〟に負けている時代に変化した」と分析する。「高くても輸入品が売れる」のは、住宅品質確保法、流通加工（部材を工場であらかじめカットしておくプレカット）の拡大に国産材がついてゆけていないからで、「林業業界が市場を失った」というのが実体だ、と彼は考えた。既存マーケットに依存し、商域拡大に努力しない産業が、原材料費（丸太の価格）の下落という〝最大のコスト改善〟によっても、競争力を回復できない最悪の状況がいまだというのだ。

「強い産業（輸入品と同様の価格水準で競争できる産業）を育ててゆくことなしに日本林業に〝道〟は拡けてこない」と文悟さんは考える。

課題は、

1、製材加工の合理化

2、素材生産の合理化

3、森林造成の合理化

それを、民有林との連携を強めてやってゆくこと。そのため九州では、「ひむか維森《いしん》の会」という素材生産業若手の会や、「林業活性化協議会」や、「儲かる林業研究会」が、小原さんや肥後さんや、もう一人の局部長である矢部三雄総務部長の〝三本の矢〟を中心に、産・学・官でつくられていた。

三部長に「道づくり」の予算をつけた島田泰助局長は二〇〇六年一月に本庁の森林整備部長に異動され（その後、林政部長に就任）、かわりに九州森林管理局長として着任されたのは、熊本県人吉《ひとよし》市をふるさととする山田壽夫《ひさお》さんだ。この方が本庁の計画課長として「新流通システム」というB材（長さが短かったり曲がっているため柱取りに適さない原木、曲がり材）などを使ってゆくメニューを二〇〇四年に、翌二〇〇五年には「新生産システム」を、財務省と渉りあって予算化してきた人物だ（21頁参照）。

「九州から、林野庁の新しい時代が始まろうとしている」ように私には見える。「山が動き始めた」のではないか。

私自身は、二〇〇五年五月に上梓した『「緑の時代」をつくる』（旬報社）にこんなことを書いていた。

「わが国の経済同友会は、二〇〇三（平成十五）年二月に『森林再生とバイオマスエネルギー利用促進のための二十一世紀グリーンプラン』というのを発表してくれました。そこには人工林を複層林化するための三〇年計画が提言されており、最初の一〇年では『一兆円から一兆五〇〇〇億円かけて、人工林一〇〇〇haすべてを公的資金で間伐する。同時に森林組合の改革に着手する。並行して路網整備を行う（これにも一兆円）。森林境界、森林データベース構築、研究、教育、研修機関の拡充を図る（これには五〇〇〇億円）』とされています。そしてこれらには前提として『所有者に対する皆伐停止と間伐の義務付け措置の導入』が付加されています。

わが国には、経済界に、こんな提言をつくる〝知性〟があるのです。希望をもちましょう。

私とC・W・ニコルは、この経済同友会の提言の上にさらに、『林野庁の赤字一兆八〇〇〇億円の国民負担による返済』を提言します。ただしこれは『林野庁の独立採算制の廃止』と『貴重な天然林はむやみに伐らない』ことが前提です。確かに、この本の中で銘建工業の中島浩一郎さんが話されているように『私たち日本は、初めて行った大規模な植林に失敗した』というべきでしょう。しかしそれは林野庁だけの失敗ではないはずです。私たち日本人が、『森の国』であり、『森に生かされた民』であることを忘れた年月が、森をここまで追いつめたと反省するべきではないでしょうか。日本の官僚は世界一優秀な頭脳をもっているといわれています。その頭を軽くしてあげると、森のためのよい政策が林野庁から次々と出てくるのではないでしょうか。

林野庁を林野省に昇格させ、環境省にもっと予算をつけ、『環境税』も『炭素税』もつくる。経済界が反対するなら、それをしかる国民に、私たちもなりたいものです」と。

九州森林管理局・尾鈴《おすず》国有林内で、小原さん、肥後さんに同行して西都児湯《さいとこゆ》森林管理署の皆さんの次の林内路網づくりのための踏査に参加させていただいた時、署員の皆さんが本当に楽しそうに森に道をつけようとしている笑顔に、私は〝希望〟をもつことができた。

翌日は、熊本南部森林管理署長の小島善雄さんが、球磨川流域林業事業協同組合に請負ってもらっている人工林の造林現場などを案内して下さりながら、「緑の少年団」や地域の方々と「千年の森づくり」を進めていることを語って下さった。この方は、いわゆる「たたき上げ」で署長になられ、屋久島の環境教育にも独自のアイデアを提案されてきた方であった。

多くの森林学者が林野庁をしかっていることを、私もよく知っている。しかし「林野庁解体論」を叫ぶよりも、林野庁自らが変わろうとしていることに私はいま〝希望〟を見出したい。「九州から、林野庁が変わる」と確信できた二日間であった。

その「変化の兆し」を、さまざまな角度から追ってみたい。

〝新生産システム〟で林業は再生する

九州森林管理局長・山田壽夫さん、おおいに語る

林野庁本庁の木材課長として〝新流通・加工システム〟を構築し、その翌年には計画課長として「新生産システム」も財務省とかけあってメニューにした人物は、次は、日本で一番木の成長の早い森をもつ九州森林管理局から林野庁の改革を率先し、日本林業を再生すると意気込む。

大学時代の教授との議論

私は鹿児島大学の出身で、一九七二年から七六年まで、林業経済が専門の赤井英夫教授のもとで議論をしていました。「今後は並材時代になりますよ。銘木や四面無節材（四面に全く節のない特等級の角材）などの高級材は使わない住宅になっていきます」という教育を受けました。

もう一つは昭和三十年代や四十年代に一斉に植えた林は、末口径《すえぐちけい》（丸太の太い方の口径）が二

〇〜二八cmの中目材として、戦後五〇年経ったときにも付加価値は生まない。昭和五十年当時は、明治の特別経営時代に植えたヒノキやスギが非常に高い時代でしたが、そういう中目の大きい木材が高い時代は終わったと。価格は需給で決まりますから、結果的には並材時代が本当に来る。それに向けて、どういうふうに対応したらいいのかということを、学生時代にかなり議論してきたのです。

その当時の九州の老舗といわれる地域は、鹿児島県は屋久杉、それから高隅《たかくま》の高級材を使った業者がいらして、私の出身の熊本県人吉もヒノキで有名でしたし、大分県の日田《ひた》はスギで有名でした。老舗はいまのままでは徐々に駄目になって、並材の生産基地が伸びてくるというのが、当時の赤井先生の主張でした。そういう中で一番遅れていた宮崎県が並材の生産にいち早く取り組み、いまは宮崎が先頭の時代が来ています。鹿児島や人吉の木材業は大きく衰退し、日田は縮小しながらがんばっているという状況です。

山元で学んだこと

大学を卒業し、一九七六年に林野庁に入りました。七八年に、岩手県の住田町に市町村出向第一号で出たところ、この町には大工・左官さんが三〇〇人ほどいました。この人たちはみな出稼ぎでしたので、町有林と大工・左官さんたちを結びつけて新しい地域づくりをやりたいと、岩手大学の先生たちと計画されているのをお手伝いすることになりました。

「大工さんが住田町で材を刻んで、トラックで都会へもっていって家を建てようじゃないか。そうすれば、出稼ぎの大工さんたちも奥さんと一緒に暮らせる」。

今日、いわゆる気仙《けせん》流域の木材加工工場がプレカット（部材を工場であらかじめカットしておくこと）したり、集成材をつくったりしていますが、この流れはこの辺りから始まったわけで、山側で付加価値を付けて家づくりをしてはどうだろうという話でした。

一九八七年、群馬県の前橋営林局（いまは関東森林管理局）の勿来《なこそ》営林署長になり、明治時代の八〇年生くらいのヒノキを約二万㎥くらい素材生産をしていましたので、「国有林材で家をつくりましょう」「自分の欲しい木に抱きついたら、その木をあなたの家の材料としてさしあげます」といって売り出し、国有林の木で家をつくらせてもらいました。

そうした経験の中で、「山を守るためには、山と住宅がどう結びついていくかを工夫しながらやらなければいけない」と思うようになりました。

グリーン材で外材と競争

学生時代の昭和四十年代後半に、林業構造改善事業により、九州で初めての大型のツインソーで丸太をどんどんラインで流し、量産して付加価値を求めていくという形の工場を見ていました。

その後、北アメリカから輸入された米ツガのグリーン（未乾燥）材に勝てるような工場になりましたが、当時の工場のシステムで管柱《くだばしら》（一階や二階など、その階にだけ入っている柱のこと。階を通してつながっている柱は通し柱という）をつくっているだけでは駄目になり、いまはラミナ（挽《ひ》き板のこと。これを木目方向に平行にして集成・接着すると集成材ができる）をつくって佐賀県にある中国木材さんの工場に納入されています。常に変化しながら工場形態を変え、商品を変え、その時どんな需要があるかに対応していったところだけが生き残り、今日もがんばっておられます。

米ツガとの競争でいうと、一九九五年に大分県庁に出向しましたが、その前に米ツガが一度日本から減っていき、九州、特に宮崎のグリーン材の管柱が勝ち始めるのが見えた時期がありました。「ああ、これでやっと〝国産材時代〟が来たな」と、一九九二、九三年くらいまでは思ったものです。

ところが、阪神淡路大震災と、その後の住宅の品質確保法の成立等々があり、ヨーロッパから乾燥した欧州材が入ってきました。ラミナが入り、集成された柱になっていきました。ヨーロッパはすべて板材で、これを五枚合わせれば日本の管柱になるということを昔は誰も思いませんでしたが、それが〝時代〟をつくっていき、今日になったわけです。

その当時、林野庁は地域指定型の林業構造改善事業で、木材の利用を促進していました。「木材業界が誰も挽《ひ》いてくれない間伐材を加工して木材にして出せば売れるのではないか」と山村の地域を指定して、林道を入れるのと一緒に、出してきた丸太を加工するため、地域指定型の加工工場をつくったのです。ただし、その工場のコストは、一㎥が一万円かかるために、欧米の二〇〇〇～三〇〇〇円の工場に比べると競争力がありませんでした。

また、プレカットに対して乾燥材を供給していく対応にも、私たちは遅れました。現在、全国では六割近くがプレカットで、首都圏や大手ではそれ以上です。そこでは集成材が多く使われている状況になっています。

しかし当時、日田でよくいわれていたのは、乾燥すると㎥当たりのコストが一万円以上かかるということでした。グリーン材で売れているのに、さらに一万円、一万五〇〇〇円の乾燥コストをかけて売る必要があるかということで、乾燥施設はあったのですが徐々に使われなくなっていき、私が一九九五年から大分県庁にいた四年の間でも、乾燥施設はほとんど使われませんでした。技術的にも未熟なので、乾燥が甘くなって、実際に出荷してみるとクレームがあって売れないという、どうしようもない状況でした。一方で、欧州材を集成してつくった管柱は、どんどん市場を拡大していく時代でした。その上、日本の家から和室が減少していき、ついには、グリーン材のスギの管柱も売れなくなっていき、一九九四年には日本の管柱のうちの五割がスギだったのに、二〇〇〇年には四分の一くらいまでに落ち込みました。もう一つの生材、グリーン材として大きなシェアを占めていた米ツガも激減しました。

この二つの激減の間を埋めていったのが集成材の管柱だったのです。ほとんどが欧州から来たホワイトウッドといわれるもので、現在はこれが主流になっています。

顔の見える木材で家づくり

二〇〇一年四月に私は林野庁の木材課長になりました。そこで、今後の木材産業はどの方向に行くかと熟慮し、二つの柱を立てようと考えました。一つは「顔の見える木材での家づくり」です。それまで、木を使ってくれる大工・工務店と向かい合っているのは、問屋さんや製材工場さんで、森林所有者は家を建てたい施主さんと直接向き合ってはいませんでした。そこで施主さんに直接山を見せ、山と結びながら、途中のコストをカットしながら付加価値を付けて売っていくという方法を考えました。これは、いまでも産直型の住宅や「近くの山の木で家をつくる運動」など、たくさんの方々に一生懸命にやっていただいています。

この方法は太いロットにはなりませんが、本当に木の好きな国民を育ててくれる地域の運動であり、それなりにニーズが続き、生き残ると思いますし、もっと伸びてくればよいと林野庁としては願っています。何といっても日本は「森林国」ですから、木を愛する国民を増やしたいですからね。

低コストで大量生産の道も探る

しかし、年間四〇万棟近く木造住宅が建つ中では、「顔の見える木材での家づくり」はメインにはなれません。やはり「低コストで大量生産」する態勢を構築し、大規模事業者に対応できるようなシステムで安定供給する流れをつくっていくという方向も、外材に対抗するためには必要だと思いました。しかしながら、当時の年間七〇〇〇㎥くらいの規模の製材工場では一㎥一万円から一万一〇〇〇円の製材コストがかかってしまいます。これをヨーロッパ並みの低コスト工場にするにはどうしたらいいか、が問題でした。

それまで林野庁には三万㎥以上の工場をつくるとコストが上がるというレポートがありました。これを乗り越えて、五万㎥の工場を二シフトで回すと製材コストが三四〇〇円になるという試算を出し、二〇〇三年に木材課長として「新流通・加工システム」を提案したところ、中国木材さんなどが応募され、佐賀県伊万里市には一㎥三〇〇〇円の工場ができました。

このように日本は、「顔の見える木材での家づくり」と「低コストの大量生産」の二つの方向を、これからも推し進めなければならないと思っています。

流通改革によるコストカット

さらにもう一つ、原木流通と製品流通のスリム化も必要です。木材の製品流通を単純にいいますと、輸送費ではなく商取引費用、つまりもっていって置いたりするだけで一万円から一万五〇〇〇円くらいかかっています。そこで私は、「この物流と商流を変えましょう」と提案しました。

原木の流通について、加工工場の大規模化に合わせて直送化し、機械化したかったのです。当時、年間の取扱高が二万㎥以下の原木市場が六割くらいありましたので、ある時市場に行き、「あなたのところはいらない」といってしまいました。すると、「今度の木材課長が市場はいらないといっている」と膝詰め談判がありました。私は「市場は必要ない」という意味で言ったのではなく、「いまのままの状態ではいてもらえない」との意味でいったのです。原木市場の皆さんは、山から材を二〇〇〇円かけて原木市場にもってきて、丸太選別と手数料で二〇〇〇円を取り、製材工場までさらに二〇〇〇円をかけてもっていき、合計六〇〇〇円かかっている商品を六〇〇〇円で売っている。山から製材工場に直送すれば、輸送経費三〇〇〇円で済むのでマージンだけ数%取って売っていけば、山元に二〇〇〇円程度は残る。そんな話をしました。

いま、ようやく少しずつそういう時代になって来ましたけれども、林業にはこうした合理化が必要で、そうでないと生き残れないという危機意識をもって林業を再生し、山は「自立」すべきではないでしょうか。

もう一つのコストカットの手法は、木質バイオマスの利用です。林野庁の試算では、木質系のバイオマスは全国で年間四〇〇〇万㎥くらい出ますが、このうち二〇〇〇万㎥くらいは何にも使わずに捨てられています。これをバイオマス資源としてうまく利用すれば経営が助かります。岡山県の銘建工業さんは木質バイオマスを利用して電力を自前でつくっているだけでなく、中国電力に売電して年間一億五〇〇〇万円、かつては捨てられていた端材やおが屑などを高温の熱を加えて固め、燃料として再利用するペレットでも六〇〇〇万円と、大きな収益を出しています（41頁参照）。

樹種転換のすすめ

「小規模な国産材の工場や組合が木材をもってきても私たちには使えません。大量に、コンスタントに入荷しないし、次に同じ商品が来るかどうかもわからないので、うちの住宅では使えません。でも、大手のつくる集成材にスギが入ってくれれば、スギでも使えるんです」と外材を使っている大手のハウスメーカーの皆さんにいわれたことがあります。そこで私が提案した〝新流通・加工システム〟で、スギの集成材（多数の板材・角材を木目方向に平行にし、接着剤で接合してつくった木材）や合板（薄い板を乾燥させて、木目が直交するように奇数枚重ねて接着剤で貼り合わせた板）をつくってもらったところ、これまで使えなかった間伐材のスギで集成材の管柱や合板がつくれるようになりました。長さが短かかったり曲がっているため柱取りに適さない、いわゆるB材さえも使ってもらえるようになりました。

合板は、二〇〇四年に五〇万㎥の国産材針葉樹を使うようになりましたし、二〇〇五年は八六万㎥は使っています。二〇〇六年はきっと一〇〇万㎥を突破すると思います。

林業のさまざまな問題

こうした改革に取り組んでいる中で、富士通総合研究所の梶山恵司さん（121頁参照）と経済同友会がつくられるという「森林再生とバイオマスエネルギー利用促進のための二十一世紀グリーンプラン」について議論する機会がありました。「林野庁がやってきたことは間違っているから林野庁とは話さない」というのが当初の彼らの考えだったようですが、個人的に話し合いをしようということになり、私と二、三人の担当者を連れて行って、一緒に議論しました。最初は、林野庁の補助事業が悪い、森林組合がいまのようになったのは補助金政策が悪いからだという話でした。

大手の林業会社の方もいらっしゃいましたから、「なぜあなたたちは反論しないのですか」といって、なぜ日本材が外材に負けたのか、なぜ日本の林業が今日のような厳しい状況に追い込まれるようになってしまったのかと、だいぶ激しくやり合いました。

そして、「日本の家屋から和室がなくなってきたのに、一本一本を大事に育て、昔からの価値（品質）に固執するあまり、コンスタントな量の確保に動けなかった。その間に、大量に安定して材を出してきたヨーロッパ材に負けてしまった」みたいなことを話しました。そうしたことを踏まえて、経済同友会のレポートになりました。

最近では、個人情報保護法の施行によって、森林計画制度の基礎になる「森林簿」の情報が、なかなかオープンになっていないという問題が起こっています。森林簿とは、森林の位置と手入れについて取りまとめた、いわば森林資源の台帳です。山を買う場合、昔は単純にいいますと、ブローカーの人たちや素材業者はほとんどの場合、森林簿を見て、買いたい山が誰のものかを調べてきたわけです。

ところがいまは、森林簿はまったく見られません。どこにどんな山があって、何があるかといった情報は行政と森林組合という限られた人々の情報になっていて、林業をやりたい人など誰もが使える情報ではなくなっています。これをどうやってオープンにしていくのか悩んでいます。森林簿などの情報のオープン化は、森林組合が取り組んでいる改革と並行してできないかと私は考えています。

日本の林業の可能性

話を戻しますと、ようやく合板が年間一〇〇万㎥も使われるようになってきたわけですから、なんとしてももう少し山から出る材を増やしていく必要があります。そのためにはどうすればいいのか。実は、すでに国内の木材は年間四〇〇〇万㎥くらい伐ってもなくならなくなっています。フィンランドでは、年間六〇〇〇万㎥しか成長しないのに、六〇〇〇万㎥伐って大丈夫といっていますが、成長量を全部伐れるわけではありませんから、これは伐りすぎだと思います。日本のいまの状況は、年間成長量八〇〇〇万㎥ですから、その半分の四〇〇〇万㎥程度ならば大丈夫なのです。確認は必要ですが、五〇年生以降にはもっと成長があると思っております。こうしたところには日本の林業の可能性を感じさせます。

また、通常の伐期の一・五から二倍以上の期間、木を伐らない長伐期にもっていきますと、末の口径が三〇cm以上になるため、辺材（樹幹の中心部を取り囲む白色ないし淡色の部材）が多くなり、欠点の少ない完熟材ができますので、質的にも高まります。

木材課長の時に、オーストリアへ一週間行って見せていただいたのですが、長伐期の木は大きいんですね。一〇〇年生くらいの木があると、生産コストが下がりますし、品質はいいし、やはり日本でも一〇〇年生のスギが欲しいという想いがしました。

もう一つの可能性は、最近、世界市場と競争できる条件ができ始めたことです。

図表1　年代別の齢級別人工林面積

現在の人工林は戦後に植栽されたものが大半。伐期以上のものはおおむね2割。
齢級は植林してから経過した年齢で、5年でくくって1齢級と表示している。
（山本壽夫氏提供）

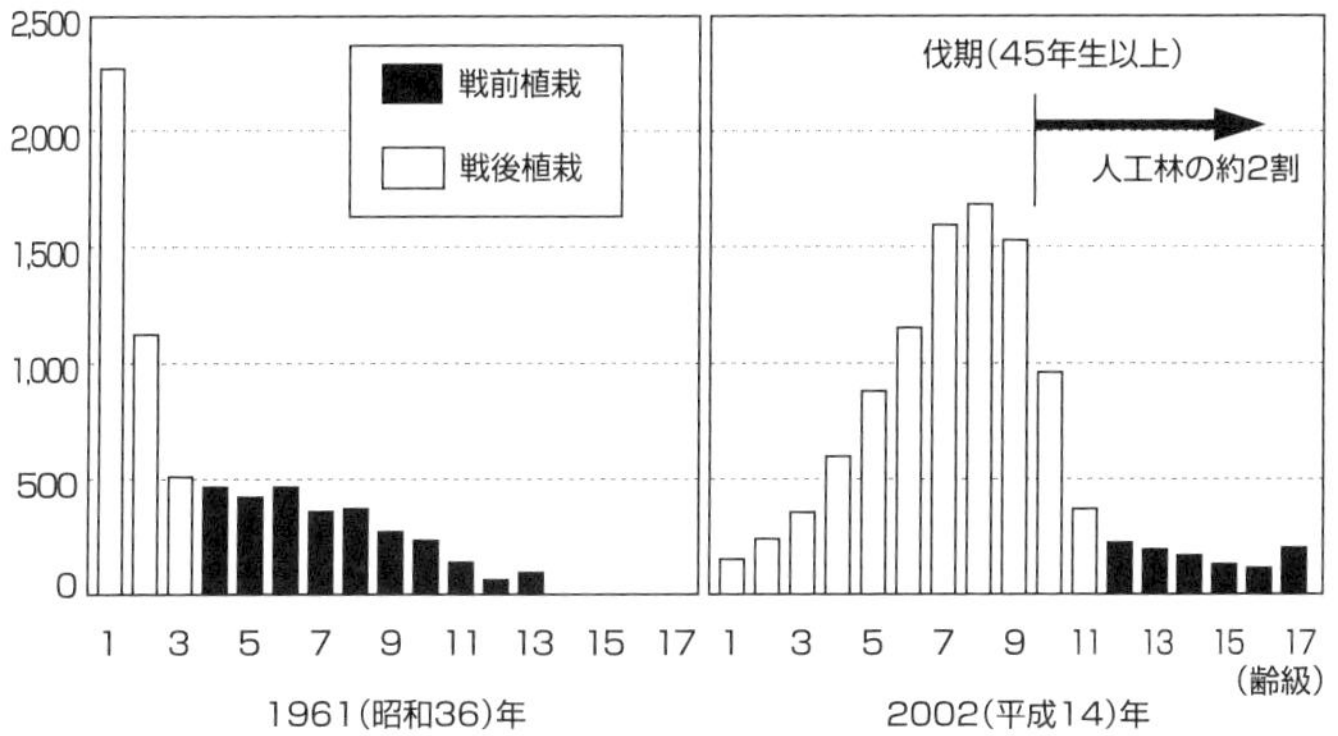

日本の人工林の蓄積は一九六二年にはたった五億㎥しかありませんでした。戦中・戦後にどんどん伐ってしまい、人工林が足りなくなって木材価格が暴騰しました。消費者物価上昇のほとんどを木材が占めるということで、昭和三十年代の後半に木材の輸入を自由化してきましたが、二〇〇二年の統計では人工林の蓄積は二三億㎥になっています。

いまでは、伐っても伐ってもなくならないといっていいでしょう。いま国内では年間一七〇〇万㎥しか使っていませんから、計算すると一〇〇年かかっても伐りつくせないという状況です。伐っている間にも成長するのでまた追いかけて伐っていかないといけない。それくらい日本の蓄積は増えています。

一方で、外国は変わりました。かつて木材の大産地であったカナダでは、ものすごく大量の木が伐られてしまい、伐採地の奥に入ってみましたら、昔から比べると本当に小さい木を伐っています。ケベック州でヘリコプターから山を見せていただいたところ、日本の間伐材より小さいような木を伐り、垂木《たるき》（四五×四五㎜程度の製材）をつくるような木さえも一生懸命使っていました。また、シベリアの木材、いわゆる北洋材を中国が大量に買っているために、日本の北洋材の価格決定権はなくなっています。このように、世界的に日本のスギが競争できる状況ができあがってきたと考えています。

「新生産システム」の狙いとは？

国産材が国際市場で競争力を確立するためには、各生産工程を低コスト化する以外にありません。木材の価値が高かった時代の、高いコスト、森林整備や生産・流通・加工システムを全部入れ替えなくてはいけない、というのが私の考え方です。

いまではもうやっていけない、高級材の売買でようやく利益の出ていた、製材コストの高かった製材工場から、並材を大量に生産する低コスト工場にシフトしていく。加工コストが一万円の工場を三〇〇〇円でできる工場に変える。残ったいわゆる付加価値型の工場、いわゆる在来型の工場は、自分たちで付加価値を見つけだす。たとえば山と結びついて価値を見つけ、工務店と結びついて価値を見つける商売に特化していく。そうすれば生き残れます。そうでない大きな工場はコストを下げる努力を求められます。その上で、激減した収入に見合った山づくりに合理化しなければいけません。つまり、森林整備と木材生産をどう結びつけて合理化した山づくりのシステムをつくるのか、ということです。

これまでは、森林整備に一ha当たり二〇〇万円かけてきましたが、できれば半分に、理想的には三分の一の七〇万円くらいまで経費を落とす。そうすれば、日本の森林も国際競争力が出てきます。そのために、いろいろなことをみんなで議論することです。その中から新しいやり方が生まれてくるでしょう。たとえば、間伐にしても、選木して一本ずつ印を付ける作業をやめればいいのです。九州森林管理局では、山での従来型の一本一本の収穫調査もやめました。また丸太の材積（材木の体積）を納入する工場の機械で調べてもらうことにしたのです。

今後の課題

コスト削減をした分が山に戻り、再生産に結びついていく。その仕組みがどこまでできるのか。それは、木材に関わるすべての人で議論していくべきことだと思います。利害関係者が対立して立木価格（市場価格から伐採、搬出などの必要経費を引いた立木の販売価格）だけにしわ寄せしてきた取引から、利益を全体に配分して山の価値を引き上げる。そういう体制が本当にできるかです。「新生産システム」が目指している大きな狙いはここにあります。

もう一つは、適切に間伐すれば五〇年生以降でも、ha当たり年間五㎥近く成長しているようですから、これをメリットとした森林整備体系をつくれるかどうかです。五〇年生まではマグロでいう赤身をつくっています。そして、五〇年から一〇〇年の間に、初めてトロができるのです。ですから、一〇〇年生までもっていくメリットをつくることが必要です。五〇年で一回お金が山主に入るシステム、作業道を整備してその時点でも間伐材できちんと金が入ってくるシステムにつくり変えなければなりません。日本の素材生産業者の能率は一日二㎥、三㎥といっていますが、ha当たり一〇〇mの作業道が入ると、ロングアーム・ハーベスターによる収穫作業ができ、一日一〇㎥の試算になります。作業道の入れ方と新しい機械化によって、素材生産のシステムをみんなで再構築していくことは、これから重要なことです。

林野庁としては、林野庁のもつ「量は力」のメリットを発揮するために、国有林、公有林、公社林、さらに独立行政法人緑資源機構の林もまとめていく必要があります。国有林も公社の山も伐る時期になりますし、公有林も緑資源機構の山も伐る時期がきますから、こういうことがどこまで広まっていくかが重要になるわけです。

それから、貨物船などの内航船の活用による流通コストのさらなる低コスト化にも取り組まなければなりません。ともかく皆さんと一緒に、これまでの半分とか、そういったコストで山から丸太が出て、加工された木材として市場に出まわるようなシステムをつくっていくつもりです。

また、全国民が木質バイオマスエネルギーを使用することによって、システムの一層の低コスト化も図りたいと考えています。いろいろなことをして、日本の山の資源を生かし、山自身も山と生きている人々をも元気にしたいとの想いで、「新生産システム」を提案しました。これを林業の新しい流れをつくっていくための一つの基本として、実験台として国民みんなが山について考えるようになれば、「国産材の時代」も来るでしょう。

最後にもう一点だけつけ加えれば、これまでの話はどちらかというとスギの話でしたが、今後、ヒノキや里山にある旧薪炭林の「業《なりわい》」としての再生についても、みんなで考えなければなりません。

（まとめ・天野礼子）

【資料】

新生産システムとは（林野庁の資料から）

1、趣旨

林業不振から森林所有者の施業意欲が低下している中で、森林整備の一層の推進を図るためには、成熟期を迎えた人工林資源を活用し、生産・流通・加工のコストダウンと需要の確保によって林家等の収益向上を実現し、間伐・再造林等の森林施業を促進することが重要である。

このため、大規模な人工林資源が賦存する地域において、施業の集約化、低コストで安定的な原木供給、ニーズに応じた最適な流通・加工体制の構築等の取組を集中的に実施することにより地域材の利用拡大を図るとともに、林家等の収益性を向上させる仕組みを構築する。

このことにより、一定の条件下で林業が業として成立することを明らかにし、その展示効果により林業の再生を図り、森林の健全性維持、森林整備の推進、地域材の利用拡大を図る。

2、事業内容

次の要件を満たすモデル地域（都道府県内に限られない、全国10ヵ所程度）において一般材を含む地域材の安定供給体制を構築するため施業効率化の体制整備条件整備情報提供及び実証調査等の事業を実施。

・森林面積が10～20万ha以上、毎年5～10万立法米以上の木材の安定供給

・中核となる林業事業体の存在

・概ね5万立法米／年の処理能力が見込まれる大規模な加工体制

・協定等による所有者（国有林を含む）から林業事業体、加工施設に至る供給体制の構築

1、林業生産流通振興事業費補助金

ア）木材安定供給圏域システムモデル事業

モデル地域において、林家等から木材加工事業体への木材の供給量・供給時期・価格決定方法等に関する安定供給システムの設計、経営診断、運営、分析評価等を実施

イ）林業経営担い手モデル事業

施業・経営の集約化を図り効率的な林業生産活動を行う取組を支援し、効率的・安定的な林業経営を行うモデルの提示

ウ）森林・所有者情報データベース設置事業

伐採可能な立木資源の情報データベースを整備し、林業事業体による零細な林家等への集約的な施業の働きかけを促進することにより林家等の収益を高めるとともに木材供給量を確保

エ）革新的施業技術等取組支援事業

森林施業、素材生産、流通等の抜本的なコストダウンのための施業技術・事業手法等の普及を図る試行的・実証的取組を公募により支援

2、強い林業・木材産業づくり交付金

ア）望ましい林業構造の確立

1、イ）の事業を実施する林業事業体による路網整備や高性能機械の導入等の実施主体に追加

イ）戦略的木材流通・加工体制モデル整備

製材工場の大型化等を促進し、品質・性能の確かな製品を安定的に供給するための木材加工施設の導入等（林野庁計画課、木材課、整備課、経営課）

山田壽夫さんが「新生産システム」の計画課長として財務省の説得のために使った資料

現在の林業・木材産業については、

・森林所有の構造、木材の生産・流通・加工とも小規模・分散型

・このため、生産コスト、流通コスト、加工コストのいずれもが高い構造

・生産・販売ロットが小規模で木材の安定供給ができない

など、コスト高、安定供給不可のため、外材に対し販売競争力がない。

一方、木材の価格が高かった時期に培われた意識や生産・流通システムが林業・木材産業の変革を阻害し、その結果、外材との競争のツケが立木価格にしわ寄せされてきたため、森林所有者の森林整備や木材生産への投資がなされず、資源が育成途上であったこともあいまって、地域の産業としての規模も縮小。

新生産システムは、このような現下の課題の解決を促し、

・成熟した人工林資源を活用した低コストで大規模な木材の流れをつくり、
・住宅等における外材等のシェアを奪還し、
・その効果を立木価格の形で所有者の森林整備への再投資に結びつけ、
林業の再生のためのビジネスモデルを形づくろうというものです。

［新生産システム推進対策事業の説明］

資源が成熟し、また、厳しい現状でも活発な生産活動を行っている林業の再生を担うことができる林業経営体や木材加工流通業者がまとまることのできる都道府県の枠を超えるような大規模な地域をモデル地域とし、林業再生のためのビジネスモデルを民間の創意工夫の促進を通じて世の中に提示し、普及する事業として、事業内容としているソフト・ハードにわたる支援を総合的に行おうというもの。

これにより、
・間伐や再植林などの再投資ができ、森林整備が推進されるようになる収益性の向上
・ハウスメーカー等における外材シェアの奪還
を目指しているところ。

新しい試みとしては、構築する安定供給システムのモデルがビジネスとして成り立つように、意欲のある川上・川下関係者の合意形成を図り、その利害を客観的に調整しつつ、内外に発生する問題の解決を提案していく者として、外部コンサルタントを事業の中心に位置づけて支援することとしている。

このコンサルタントにシステムの構築、運営について報告書を求め、その情報公開を通じて他地域への林業再生のためのシステム構築の普及を図ることとしている。

さらに、関係者全体にわたるコスト削減と地域材の販売拡大の努力を森林所有者の立木価格の向上に結びつける手法の一つとして、所有者が伐採の意向を有する森林の立木の量、質等の情報を地域内の素材生産業者が閲覧できるデータベースを構築し、その運営を通じて所有者の販売価格交渉力の強化を支援するとともに、素材生産事業体の事業量確保と買取価格向上に向けた取り組みを促す仕組みを取り入れたいと考えている。

〝時代〟が動いている実感がある

中島《なかしま》浩一郎さん（岡山県・銘建工業代表取締役）との対話

「集成材のコストカット世界一」というのが、銘建工業に冠されている称号だが、私はこの会社が、自社の使う電力のすべてを「木質バイオマス」、すなわち集成材をつくる時に出る鉋《かんな》くずを燃やしてつくっていることの方を高く評価している。中島さんを、自宅にクーラーをつけず、電気の使い方を賢く考える経済人として尊敬しているのだが、顔を合わせると「銘建が国産材を一、二割しか使っていないのはなぜ？」と私はいつも問うてきた。その銘建工業が、外材使用八割を見直し、「新生産システム」も二ヶ所で展開するという。

変わってきたアメリカ・カナダの現場

中島　二〇〇六年八月に、実質的にいえば一四年ぶりに、アメリカとカナダに四、五日だけ行ってきました。

私どもは一九九三年に、乾燥のきちんとしたヨーロッパの針葉樹人工林を日本でも使える仕組みをなんとかつくろうとスタートしてから、急速に量が増え、いまつくっている建築用の住宅の部材は大半はヨーロッパから来ています。年間三二万㎥の木材を販売していますが、そのうちの三〇万㎥が外材。ヨーロッパ材が中心です。

それまではアメリカ、カナダからの材を頼りにして製材をし、製品として完成品の板を買ってくるという形をとっていたのですが、品質的にも納期的にも長期の安定性からいっても、また単価の変動からいっても、アメリカよりもヨーロッパの方が有利だということで現在のようになったわけです。

一九九〇年代のアメリカは、材が自然保護の問題、環境保護の問題等を含めて非常に出にくい状況が続いていましたし、材が入ってこないということがあったわけですが、何年も前から、アメリカ西海岸に新しい製材所ができていると聞いていたので、どういう形で運営されてるのか見てみないとわからないという気持ちで行ってきました。

行って見て、いくつかびっくりしたことがあります。その一つは、以前は極端にいえば製材所が製材品をつくってるのかチップをつくってるのかよくわからないほど、製材品としての歩留まりがよくなかったのに、新しい工場では、各種のセンサーによって、丸太の段階で三次元のいろいろな計測をするようになっていた。丸太をいったん挽いてできた物を、もういっぺん三次元で計測をするというように、機械を十分に使い切ることによって、以前とはまったく変わっていたことです。これによって大型の設備投資を生み、それが、アメリカ西海岸北部の新しい製材業のビジネスモデルをつくっているように思いました。

もう一つは、材質の低下といいますか、いまは基本的にアメリカでも天然林を伐っていないから、全て二次林、三次林で非常に目が粗い。目が粗いことだけが欠点ではありませんが、木の形状からいってそれほど通直（木目が縦にまっすぐに通っていること）でもない。多少は曲がりを含んでいるとか、多少いびつだとかいうようなものをアメリカではどんどん挽《ひ》いています。「本当にこれで製品になるのかな」と思うくらいですが、乾燥することによって製材製品としては十分耐えられるものができているのです。

つまり、製材の歩留まり等がまったく変わって、大量生産でありながら歩留まりは格段に上がってきたことが驚いたことの一つで、もう一つは材料の質が非常に落ちているものを使わざるを得なくなっていることですね。それを、スキャナーと機械をうまく使ってカバーしているということで、非常に変わってきていました。

天野　材料の質が落ちているのは、大径木がもうなくなってきているという意味ですか？

中島　そうです。少なくとも一五年くらい前まではある程度天然林と人工林をミックスで挽いていましたし、人工林にしても質の高い木があったと思いますけれども、それが一般的にいうところの良い木——良い木、悪い木は使う側の勝手な論理ですけども——通直や丸い材が非常に少なくなっていると感じました。

中国が日本の五倍くらいの木材を買っている

天野　しばらく行かなかったアメリカに改めて行ったのには、他にも何か理由があるのですか?

中島　新しい製材方法を見てみたかったということが一つですが、ヨーロッパの為替の状況もありますね。一時は九〇円台だった一ユーロがいまは約一五〇円になってるわけですから六割以上のユーロ高になっている。いままでの単価具合からいいますと、コストアップの要因にもなりますし、これから先、ヨーロッパで新しい樹種が現れるわけじゃないから、新しい仕組みの中から出てくるものを使うのは非常に難しい。

片やグローバルな目で見ると、ロシアの木がどんどん入ってくる様子はまったくなくなっている。シベリアの木にしてもヨーロッパの木にしても、最近は中近東や北アフリカが買っています。シベリアの木材は特に中国が非常に大量に要求しているといいます。シベリアの材はかつて、日本が一番高い価格で買い、量的にもたくさん来たわけですけれども、いまでは中国が日本の五倍くらいの量を買っています。輸入量が日本と並んだのが確か四年前ですから、あっという間に中国が大量に買うようになったわけです。

それから、日本人には、中近東が木材をどんどん使うというイメージはないでしょうが、原油

図表2　木材供給量と自給率の推移

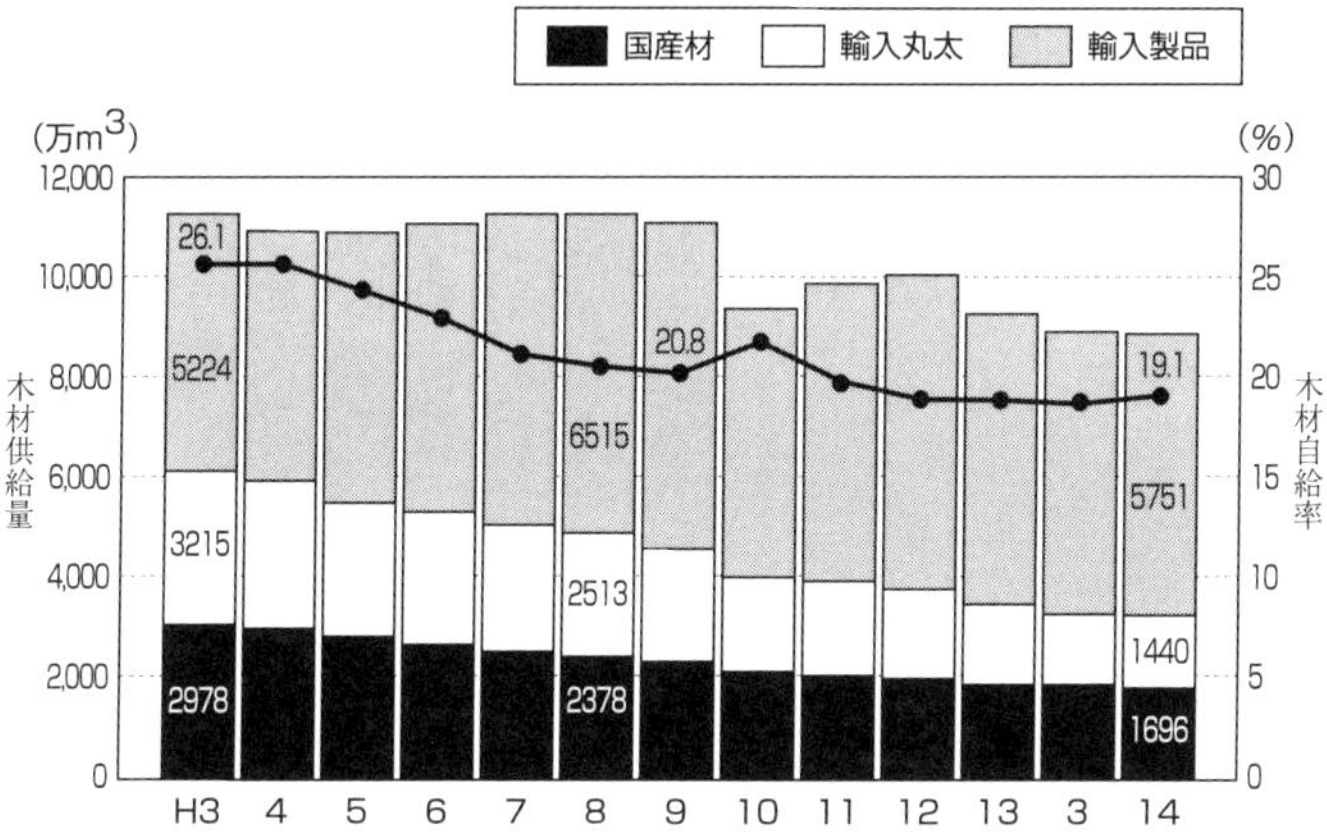

資料：林野庁「木材需給表」

が高騰したことを受けて建設ラッシュになっているんです。土木用材としても大量に木を使うので、量的にも単価的にもアラブが購買力をもっています。

私どもの会社は木造住宅の材料を主につくっているわけですけども、こうした背景の中で、製品を安定的にお客さんに供給するには、いままでの仕組みを変えていく必要がある。具体的には、目の前にある日本の森林の木材で供給できる仕組みを早急につくるということです。アメリカ、カナダに行ってみて、そのことを強く感じました。

天野　たとえば「日刊木材新聞」を見ていると、相変わらずカナダのブリティッシュコロンビア州などは割と強気のようですし、値が上がっているというようなことも書かれています。

けれども、私が二〇〇二年にカナダに行き、ブリティッシュコロンビア州に行ってみると、「山にいいことをします」と約束して政権を取った政党が「切り株税」というのをつくっていました。「切り株税」によって、一本一本の木を伐るごとに税金がかかるようになったり、あまり使われていない林道も元に戻しましょうということになりました。カナダだけでなく、森林、あるいは環境に対する配慮が、世界的に非常に重視されるようになってきていると感じます。

たぶん、人工林の中につける林道にも配慮しないと木が出せなくなってる状況が、世界的にはあるのではないかと思います。日本の新聞だけを見ていても、絶対にわかりませんけれどね。

安かったカナダの伐採コストが高騰

中島　そうですね。カナダでは、伐採コストについて非常にびっくりしたことがありました。カナダでは西海岸の木と内陸の木では全く形状が違っていて、内陸の木は細い木が多くて、ヨーロッパから入ってくる木に近い。そういうところで、ヨーロッパ並みの生産性をカナダでも上げることができかけているのかなと思いました。
一方の、西海岸沿いの木はフラットな場所でも多少傾斜のある場所でも、人工林であっても比較的太い木が多い。そういう太い木の伐採コストが、一〇年少々行ってない間にもずいぶん上がっていました。大ざっぱに高めにいうと、カナダドルで一〇〇ドル。一カナダドルはだいたい一〇三円から一〇四円くらいですから、伐採コストだけで一万円。初めは冗談かと思ったんですけども本当でした。アメリカのマーケットでも、たとえば米マツの価格はまだ高いから一〇〇ドルかけても、山に立木代が多少は残る。でも、米ツガなどは市場価格が一〇〇ドルもないので伐採コストの方が高い。

逆にいえば、あんなに条件のいいところでも日本以上に伐採コストがかかっている。いわゆる環境に対する配慮もあってコストアップになっているのと、日本でいうところの労働組合が、カナダではあまり仕事をしない仕組みをつくってきたことで、この一五年間くらいでだんだんコストアップになってきたようです。

かつてはカナダのコストは低いという見方をしていましたが、立木には価値がまったくなくなってしまって、立木価格でいえばほぼタダです。以前から非常に安かったけれど、それによって他のいろいろな林業の仕事ができたり、ブリティッシュコロンビア州としてトータルに製材業ができるという考え方をとってきたわけですが、それすらコストが上がりすぎて「どうなるのか」という状態でした。

天野　先ほどもいったように、ブリティッシュコロンビア州は、木を伐るたびに税金がかかる「切り株税」を制定して、それを川の再生に使うと決めました。ビクトリア大学のトム・ライヘンさんの研究によって、サケが溯《あ》がって来ることが森を育てるということがわかり、サケが溯がってきやすいように川を再生しましょうと。川の環境が悪くなったのは、山を丸裸にしたために森から出てくるようになった土砂で川を埋めた森側の責任です。だから森の木を伐る時は「お金が要りますよ」ということで、「切り株税」がかかることになり、労働組合のサボタージュではなく、森林会社や木材会社は一本一本を考えて伐るようになったのです。結果として、労働者の仕事が減ってリストラの不安もあると聞きました。しかし、仕事が少なくなった労働組合の人たちからは、「川の再生に使うんだったら木材会社のヘリコプターを自分たちが出してあげますよ。大きい岩をもってきて、川の真ん中に置きますよ」みたいなことが起こっているのです。林野庁には、こんな情報も入手してほしいですね。

日本の贅沢な（!?）悩み

天野　日本ではいま、人工林に手が入らなくて非常に問題だといっていますが、世界的に見ると、最高に贅沢な悩みです（笑）。世界的には、「森林は大事なものですから大切に使いましょう」という方向に向かっています。たとえばオーストリアでは、最も困難な高所から伐り出してきたバイオマス原料、いわゆるバイオマス・エネルギーに使う木の葉っぱや枝が高い値段で買い取られるように、EU（欧州連合）も国も州もそれぞれが補助をするという施策が取られています。

環境学者のレスター・ブラウンさんにお会いした時に、私が「日本でも木質バイオマスエネルギーを使いたい」と話したら、彼は「日本が木質バイオマスエネルギーを使うのはいいが、日本人は『やりすぎる』ところがあるからなあ……」ともらしていらっしゃいました。

そんなふうに世界的に、「木」は大切なもので、温暖化というキーワードも含めて、「希少価値として考えないではやってはいけない」みたいなことになっています。林野庁が「新生産システム」というならば、こういう視点も忘れず検証されるべきだと思いますね。

ところで、最近、原油が上がって船賃も相当高くなってきている上、木材輸出国では環境面から木材を輸出できないような政策がとられ始めているという状況が出てきました。その中で、日本では戦後の大造林で植えた木が四五年生くらいで使いごろになり、あと一〇年ほど置くとさらに使いやすくなる木がどんどん出てきます。

戦後、日本が人工林を植えて、それがまだ使えないころに、中島さんのお父さんの時代も、中島さんの時代も、外材を使ってこられた方々は、最初はアメリカから、次はカナダから木を入れて、「日本で木の住宅をつくるという文化を絶やさなかった」ともいえるんじゃないでしょうか。そう考えてみると日本の材が使いごろになって、しかも日本のスギが世界で一番安いということで、より使いやすくなるわけですから、中島さんは今度は国産材を使わなければならないことになりますね。あなたに「木質バイオマスエネルギーを使っているのは感心するが、国産材をもっと使っては？」といい続けてきた私としては、「しめしめ」という気分です（笑）。

こういった時代に林野庁は、「新生産システム」を出してきたわけです。山から材を出しやすい社会システムをつくって、「これまで外材を使ってきたハウスメーカーなどに使ってもらう」と堂々と掲げています。私は、「それでは日本の家をつくっている六割の小さな工務店はどうするの」と思うんですけども（笑）、それでも大手ハウスメーカーが日本の材を使わないよりは使った方が、日本の人工林の密になりすぎているという状態は救えるわけだし、みんながこの「新生産システム」をたたき台にして、「日本の林業の再生」について議論すればいい。少なくともここ一、二年くらいは、製材業界の人だけではなく、他分野の方まで含めて集中して議論をする。そのチャンスかなと思っています。実際、銘建工業さんも高知と熊本の二つの地域で「新生産システム」に係わることになっていますよね。

世界のマーケットの変化と「新生産システム」

中島　世界の木材市場の中で、一番木材を買ってるのはアメリカですけれども、二番めの地位は先ほどもいいましたように、日本から中国になりました。その次はインドや中東ということで、これから木材市場も随分変わってくるだろうと思います。日本がお金を出して、世界のどこからでも自分たちの使う家の材料を自由に買えた時代は終わったことは間違いありません。今後は間違いなく、世界中で木材がますます高騰します。

木造住宅にはそれなりの効用や「木の文化」ということを含めて意味があるわけですから、その素材として——消去法みたいな部分もあるんですけども、国産材を使うしかないならば、いままで以上に国産材をちゃんと使う仕組みをつくっていかないかぎり、いずれ木を使っていただけなくなる可能性すらある。全部が全部、国内材で家ができるわけではない状態は当然続きますが、その仕組みを早急につくる必要があると思います。私は、そうとう大きな視野をもって、心してかからなければならない問題だと、想いを新たにしました。

国の目指してる今度の「新生産システム」も、大きい意味でいえば、客観情勢がますます国産材にとって追い風になって、いまこそ山から木を出す仕組み、山にちゃんとお金を残す仕組み、出てきた木にちゃんと価値のある製材をし、付加価値を高めて、お客さんに使っていただくということをやらないといけません。その仕組みづくりが遅れれば遅れるほど、取り戻すにはエネルギーが何十倍、何百倍もいるわけですから、今日からでもすぐにもっと深い議論を始めたらという時期と、「新生産システム」はつながっていると私には思えます。

「新生産システム」は、結果的には、いま全国で一一ヶ所で手を挙げています。すべての内容を詳しく見ているわけではありませんが、木材加工の段階でいいますと、国内で名前のよく知られている方々が手を挙げているわけです。その点で、これまでの行政の「困ってる方を助ける」というスタンスからかなり変わってきています。これからどういう形になるのか危惧もしますが、新しい連携をつくって何とかやらないといかんと思っています。

たまたま私どもも「新生産システム」に係わるチャンスがあったので、やる以上は林業界全体のために価値のある仕組みづくりといいますか——我々は山から木を出すよりは、出てきた仕組みを使って材価を上げるような製材の仕組みをつくりたいと思っています。このことで、たとえば従来からある地域の製材の方と一緒にどういう仕事ができるのか、ということも非常に気になるところです。できれば、両者にプラスになること、売り買いだけでなく技術の何らかの形の交流も含めてできないかなと思ってます。

ただし、製材そのものの技術や乾燥の質を上げることは非常に難しい話です。乾燥した材は基本的にはカンナがけして削るわけですから結果がすぐにわかる。そういう点では、私たちの技術も磨くことになります。私たちも山との関連がたくさんある中で仕事をさせていただくわけですから、近隣の製材所の方とも、みんながみんなというわけではないのですけど、できる人とは何かいい連携プレーができないかなと思っています。

「新生産システム」への期待と心配

天野　農業ではいま、小さな農地しかもっていない人には補助金が出なくなっています。補助金で食っていくことそのこと自体が間違っているとは思いますが、一方で、規模を大きくしないと行政からの応援はもう得られませんよ、みたいなことはおかしくありませんか。

農業を農薬漬けにして、大きな機械を買わせ、それでやっていけなくなった農家に「集約しないと何もやってやらないよ」と、国はものすごく厳しいことを言ってるわけです。やはり「新生産システム」では、大きなところだけが生き延びるようなことになってはいけないと思います。

でも、農政とちがって林野行政の方が少し柔らかいなと私が思うのは、いままでは小規模森林所有者の取りまとめも森林組合がやりなさい、それに対してこういうふうにサポートするシステムがありますよという言い方だったのですが、最近は、森林組合が弱体化してしまってるところで、やる気のある素材生産業者がやるのなら、別に組合という枠にとらわれませんよといっています。つまり、必ずしも組合をつくらないとやっていけないということでないですよと、割とフレキシブルなのです。そこに希望をもっています。小さな希望かもしれないですけれど、林野庁を信じたいのです。

しかしながら、いまいったように、別の意味では、「新生産システム」は大きなものだけが生き残るようなことになってしまうので、やはり問題があります。問題の一つは、どういう〝社会システム〟をつくるかが問われているという認識が国民総体まで届かないうちに動いているということです。

製材業の中島さんからいうと、今度はどういう製品をキチンとつくるのかとか、材料をどうやってコンスタントにちゃんと出せるのかとかといった議論が、これをきっかけに始まればいいということかと思います。

小さなところも一緒に、地域の木材業としての再生を目指す

天野　ところで、できるだけ小さなところも一緒にやっていこうよ、というのは、前から中島さんがいってらっしゃる言葉でいうと「いいとこ出しをしようぜ」ということですね。「いいとこ取り」という言葉があって、大きな企業には、概して大きいところだけが生き残ればいいという考え方がありますが、そうでなくて小さなところも一緒に入って生き残り、木材業としてもう一度再構築しましょうよということが、いま一番議論されなければいけないことだと思います。

中島　本当にそのとおりだと思います。大きいといっても、日本の場合は化粧柱などのように節のない木材の製材が全盛だったおかげで、各地でいろいろなことができたという背景があって、多少は大型化したけれども、欧米のような製材所とは違います。製品が年間三〇万㎥というところ、場合によっては年間一〇〇万㎥というようなところばかりの欧米とは比べようもないわけです。そうした中で、特別な例は別にして、月産三〇〇〇㎥、四〇〇〇㎥という単位でちゃんと成り立つ仕組みにすることがいまの課題でしょう。そこをクリアして、さらには一シフトではなしに欧米のような二シフトにして、たとえば三〇〇〇㎥だったら六〇〇〇㎥に、四〇〇〇㎥だった

ら八〇〇〇㎥に、というような形の展開がまず基本だろうと思います。

遠くからの集約的な丸太の集荷も、考え方によってはできないことはないでしょうが、たとえば何百kmの距離を運んで一ヶ所に集約的に集め、月産で何万㎥もの製材をするのは、エネルギーの負担が増えるということも含めて難しいように思います。もう少し小さい単位、三〇〇〇㎥や四〇〇〇㎥という単位できちんと自己完結をさせる。これがしっかりできる仕組みをつくることが一番の課題だろうと思います。

また、少なくともこのくらいの量がないと、製材でもコストが非常に高くつくので、バイオマスのエネルギー利用もできないと思います。

製材のやり方や軌道に乗せ方等も含めて、もういっぺん製材のあり方を見直す必要があるという気持ちです。

天野　銘建工業という集成材のコストカット世界一の所が「もう一回製材のやり方を一から勉強しなおす」みたいなことはなかなか面白いことだと思います。
一方で、たとえば私は、最近、熊本に行ったんですけども、熊本の人は銘建工業さんが来るのを熱望していらっしゃる。製材の県の森林組合連合会の方々も待ってるし、森林組合の方も待っているとおっしゃっていました。私はいいチャンスなので、銘建さんの中だけでやるのではなく、「新生産システム」によって銘建さんと一緒にやっていこうと考えている森林組合の人たちに、

「一緒にこんなことを考えてみませんか」という話を呼びかけてほしいと思います。

小規模森林所有者を取りまとめて、高密度な路網を入れていき、小型の高性能な機械を導入すれば、一日に生産する量は変わってきます。こういうことを「一緒にやろうという組合はありませんか」と呼びかけてみてほしいんです。それができれば、少なくとも一緒にやる森林組合は立ち直るチャンスがもてるわけです。

もう一つは、製材をされる時に出てくる本材をつくった以外の周りの物——副製品の使い方について、銘建工業ではすでに自家発電から燃料用のペレットまで実現しています。中島さんは二〇年も前から、副製品のそのほかの使い方も含めて地域の皆さんと一緒に真庭塾をやってこられて、二つの会社もつくっていますよね。ですから、熊本が銘建工業に「来てください」というのなら、この方法をもう少し広げて、「県をあげてバイオマスエネルギーを使っていく仕組みを考えませんか」と提案してみたらどうですか。バイオマスエネルギーは暖めるだけでなく冷房にも使えるんですよとか、そういったことを一緒に勉強していくことで社会を変えていきませんかと、そういう呼びかけをしてみたらどうかなと思います。

いずれにしろ、熱意がないところに改革の芽はないわけで、熱意のあるところで、〝社会システム〟をみんなで構築するという実験をやってみて欲しいですね。

中島　いまおっしゃったエネルギーの問題こそ、規模がなくてはできない話です。大きいことが

銘建工業のバイオマスエネルギー・ボイラー

全てではないんですけれども、ある程度のマスでやらないと非常に効率が悪くなるということになるかと思います。製材そのものもですが、バイオマス利用に関しては、単独では考えられません。かなり広い地域を考えてやらないと、コスト的にも品質的にも成り立ちません。ボイラーをつくるのなら、大きなボイラーであろうが小さなボイラーであろうが、絶対に管理者が一人は必要になるわけですから、効率を考えていろいろな地域的な広がりの中で使える仕組みからつくるべきことです。今度の「新生産システム」もシステムをつくろうという話ですから、そういう形で必ずやろうと思っています。

第二章

「林業再生」は〝道づくり〟と〝森の団地化〟から

〃道づくり五〇年〃の大橋慶三郎さんに「崩れない道づくり」を学ぶ

林業人生五七年

一九二八（昭和三）年生まれ、二〇〇六年、七八歳になられた大橋慶三郎さんは、大阪の商家に生まれた男《ひと》である。なにわの商家では跡継ぎたちに、漢籍、武道、芸能などを教養として習わせる。大橋さんは漢籍を、祖父よりたたき込まれて育った。

そのおじいさんは、一九二五年に大和《やまと》葛城《かつらぎ》山の南西斜面を購入し、大橋さんが生まれた年に準備に入って、戦前に植林を終了し、幼少の大橋さんをしょっちゅう山へ連れて行っていた。それも跡継ぎ教育だったのだろうか。大橋少年はその山の中の川で魚を獲るのが大好きな子となった。

戦後の一九四九年に、祖父からこの山をゆずりうける。兄や弟がゆずられたのは都会の不動産だったが、二男の大橋さんには山だった。それもあまり地味のよい山ではなかった。

この辺りは古来より、薬草の山として知られていた。修験道の開祖「役《えん》の小角《おづぬ》」が開いた葛城二八院があったという。南北朝の戦乱などで幾度も焼かれて中腹から山頂一帯は古くから草原となっており、江戸時代から採草地として利用されていた。

中腹以下の傾斜は急で、標高四四〇mから九三〇mの間にあり、山の基岩となっているのは、金剛山・葛城山が誕生した時の断層によってできたもろい花崗《かこう》岩や片麻《へんま》岩などで、これらが風化した〝マサ土〟と呼ばれる砂土が表面を覆っている。砂質のため侵食を受けやすく、林地の表面が裸地になるとすぐに深くて長い溝のような表面侵食へと発展する、そんな林地だった。採草地であったために地味も痩せていて、水持ちも悪かった。

その上、全森林が南から西に向いているために大阪湾からの西風を受けやすく、冬には北西風が強く、西日もまともに受けるのでひどく乾燥する。中腹以上には乾燥性の植物が優先して茂り、植林されている木の成長もよくなかった。ここに、主にヒノキと、スギが植えられていた。

この山を、一代で、地味の豊かな、良質材による〝間伐林業〟に移行させたのが、大橋さんの林業人生で、それに使われた手法が、林内への高密度路網の設置であった。氏の林内路網づくりには、五〇年以上の歴史がある。

当初、林内の大きめの木は、昔ながらの木馬《きんま》（木の橇《そり》）を自己流でつくってそれに乗せて出したり、架線技術者をやとって出したりしたが、「一人か二人ででも山から材がいつでも出せるようにしないと、林業は世間に取り残される」。くわしく林業を知っていたわけではなかったが、自分は「間伐」と「道つけ」をしっかりしようと考えた。

間伐した材は、はじめはまだ細く、菊の鉢植えの支柱にしか売れなかった。少し太くなってくると、淡路島までフェリーで渡って玉ねぎの房掛《ふさか》けに買ってもらったり、もう少し太くなると、ようやく稲干しに使ってもらえるようになった。そういったセールスはすべて、夜か雨の日にオートバイでまわり、知らない農家に飛び込んでいった。そうして貯めた資金を、すべて道づくりにまわしていった。

大橋さんの通称「大橋山」は、航空写真で見ると一〇〇haのイチョウの葉のような形をしている。ここに幅は二・五mまでの本線（背骨道）と二・〇mの支線（肋骨道）が全部で二五kmついている。これで四輪駆動の二tトラックで収穫材を国道端まで搬出してこれる。

道づくりも、初めは失敗をいろいろと経験した。しかし「若い時の苦労は、乞うてでもせよ」という祖父の教えがいつも頭の中にあった。

冬の凧の中など、大阪市内から葛城山中へオートバイで通っていって道つけをする作業は、ハンドルにくっついた凍えた手を自分の念力ではずす作業から始まるような難行だったが、地元で四歳年下の奥野勇さんがいつも待っていてくれたので、がんばることができた。

「崩れない道づくり」のくふう

秋口から、下草も枯れて山腹が見わたせるころになると〝踏査〟という下検分を何度もくりかえし、おおよその粗道《あらみち》をつけておいて、少しずつ道を固めてゆく。キーポイントは法面《のりめん》の高さで、大橋さんはこれを一・四ｍまでと決めている。そのため急斜面では、道幅を保つために、路肩に丸太木組みを入れて強度を保つ。それを「法尻土留め工《のりじり》」と称している。この丸太木組みにはほどなく低木類や雑草が生《は》えてきて自然の状態にもどる。木の部分は腐っても一ｍくらいのものであれば、しっかり間に土を入れて固めておけば十分安定した状態になり、五〇年経過した大橋山でも崩れていない。

当初は、「天地がえし」といって、表土をはいで裏がえしして積み、それに圧力をかけるくりかえしで造成していたが、崩れる体験を何度もしてからは、細めの間伐材を土中に道へ向けて直角に埋め込んで横木とし、それにまた直角に丸太木組みを組んでしっかりと安定させる工法に変更した。それからは崩れることがなくなった。

この「天地がえし」から「丸太木組み」への進展も、一朝一夕のことではない。丸太木組みを最初にしっかりするのは、最初に人手をしっかりとかけておくと崩れないからである。このように大橋さんの道づくりは「それが崩れない安全なものであるか」が一番大切にされてきた。

それは、自分の山の経営にとってそのことが重要であったことと、道づくりの先頭（前には誰もいなかった）をゆく人間として「失敗はできない。自分が失敗をしたら〝道が林業を助ける〟

どころか、〝道が林業の足をひっぱる〟ことになる」という気概があったからだろう。そして、もうひとつ。排水処理で路肩に勾配をつけて水を逃すくふうが、大橋さんの独創である。

手さぐりで「危なくない」道づくりを五〇年間、今日までの技術に高めてこられたのは大橋さんの功績である。一九九三年には農林水産祭で「天皇杯」が贈呈されている。

このように大橋さんの道づくりは、「危なくないところに」「危なくない道をつくる」ことに最大の注意が払われている。二〇〇五年十一月にいただいたお手紙には、こう書かれていた。

「世界の僅《わず》か〇・一％に過ぎない日本で世界の地震の一〇％が起こっているような複雑な地質構造と、急峻な地形、台風などの気象災害が多く、山林所有構造は零細で、しかもそれが絡み合っている我が国の森林では、架線、ヘリコプターなどの集運材が一番危なくないのでしょうが、いまの間伐木の価格では採算割れになってしまいます。

それでは道かといえば、日本は先のような条件の林地です。安易に『道が林業を救う』とか『道が全て』などとはとても口にできません。

しかも人にはそれぞれ事情があるように、山にもそれぞれ事情があるので、林業経営のそれぞれに合わせて『危なくない道』をつけることに難しさを感じます。道は、決して軽々につけられるべきではないのです」。

大橋さん（左）とずっと一緒に仕事をしてきた奥野勇さん

大橋式林内路網は、地形、地質、水脈などを見て、つけても大丈夫なところとつけてはいけないところに印がまず入れられ、その設計図をもとに粗道《あらみち》がつけられる。この道づくりはこれまでは、大橋氏とその教えをうけた弟子たちの技術として広められてきた。

『急傾斜地の路網マニュアル』を一九八九年に出版された後、各地でそれを読んだだけで安易に道をつけた人たちの道が崩壊を起こし、大橋さんは心配になって、「自分でつくって自分で責任をもてる人以外は危のうてやらせられへん」という心境になっていた。それでもその後に『路網を生かした間伐林業のマネジメント』『大橋慶三郎道づくりのすべて』（全国林業改良普及協会）の二冊の書が世に出ているのは、木材価格が下降してゆけばゆくほど、「道づくりしか林業を救えない」と思われたからだろう。

大橋さんが道づくりを人に乞われて教えるようになったのは一九七八年くらいからで、そのころに奈良県吉野の岡橋清元《きよちか》さん（74頁参照）や徳島県の橋本光治《みつはる》さん（83頁参照）の他、毎年夏には「浴衣《ゆかた》会」と称して大橋さんを囲む三〇人くらいの門下生が全国で誕生し、そのほとんどの人がいまも、急傾斜地や破砕帯など難度の高い箇所は航空写真などを大橋さんに送って相談をする。彼らもやはり「道つけは失敗できひん」という想いをもっている。地震国日本で、山から材出しのコストカットのために道をつける難しさがよくわかる。

昭和六十年代には、「大橋学校」と「佐々木学校」といわれるものがあった。これは京都大学の佐々木功教授を中心とするグループと、大阪府の指導林家になった大橋さんを指導者とするグループで、どちらも道づくりにうるさく、一部の人はこの両方に属して交流しあい、「この人たちから褒める言葉を聞いたことがない」といわれるほどの批判精神で各所の道づくりを見て歩いていた。しかしそれは「いちゃもん」ではなく、「危ない道をつくらせてはいけない」という、山と林業への深い慈愛に満ちた助言だったので、誰もが素直に耳を傾け、これまで「大橋式道づくり」で事故は起きていない。

「林内路網づくり」とは、こんな歴史を五〇年ももって続いてきた、林業振興の決定打的な「ツール」である。

そして、大橋山では、道づくりによって地味まで豊かになるという信じられないことまで起こっている。つくった道と丸太木組みが土の斜面にとってはダムのような役割を果たし、保水力がついて、乾燥していた地面が湿潤化して下草の種類まで変わってしまったからだ。それに気づいた大橋さんはさらに施肥をして一本一本の木の力をも高めていった。こうして大橋山では、長伐期へ向けて間伐してゆくことで余裕のある経営をできるようになった。若い時にしたたいへんな苦労のおかげで、このような材の安い時代でも老後にゆったりできるのだ。これが「大橋式林内路網」の真骨頂だ。

ところで、大橋さんは「日本のような地震国にはなるべく道をつけたくないのだが」とおっしゃるが、私は、いまは道づくりが、間伐が遅れてこみ入りすぎている日本の山を健康にしてくれる手法ではないかと思っている。

二〇〇四年に日本列島を襲った多くの悲惨な水害。これには二つのタイプがあり、一つは平野部における「堤防破堤」であったが、もう一つは、山元での「森林崩壊」と「土石流」だった。人工林の手入れ不足による山腹でのガリー状態（元の大橋山のように深くて長い溝のような表面侵食）と、本来植えてはいけないところにまで広葉樹を伐ってスギを植えていた状態が、それを助長したと見ている。

二〇〇六年の夏も、同じような土石流が山元で被害を出した。人工林の手入れ、間伐のために、

「道」、それも「崩れない安全な道」が、全国で入れられるべきである。

そしてそれが林業の「経営」を助けるとあれば、ここはもう一度、九州森林管理局から林野庁が高密度路網を全国に広めようとしている気運を生かして、大橋さんに〝再登場〟をお願いするしかない。

大橋さんは、さまざまな人づきあいや道づくりの経験から、ユニークな、人生と山の見方を身につけられている。人も山も、自然界にあるものは皆、同じ法則に従って見れば、よく「見える」といわれるのだ。

その大橋さんの世界を、『大橋慶三郎の人間マネジメント』(一九九三年、創新社)より、大橋さんの了解を得てまとめてみた。

大橋慶三郎の〝山と人〟の見方

山の道を計画する時には、まず地形図や空中写真をつぶさに見ることが大切。それから何度もくりかえし現地踏査をして、おおよその路線を見る。

その決め手となる判断材料、つまり法則は、人間の相というか、その人のもつ雰囲気と山の相に相関関係がある。

等高線の混みあったところ、斜面が削《そ》げたところ、土地が薄いところ、尖《とが》っているところなどは危険がいっぱい。避けるのが賢明である。

それは私たちの社会生活でも同じで、危険な人物と関わりをもつから災難を被るのと同じではないかと思う。

具体的に見てみると。

〈険〉

険しいとは「きつい」ことで、「険しい目つき」とか「きつい奴」「人の心が険しい」などという。険にはそのほかに「難儀」とか「損なう」という意味もある。

山の斜面が急峻で険しいところは、道の計画はできるだけ避ける。心が険しい人とは交際が難しいように、道の工事も難儀する。せっかくつけた道も、往々にして損なうことが多い。

急峻な斜面に道をつけると、どうしても切り取り法面《のりめん》が高くなり、斜面崩壊や林内の環境を破壊する割合が高くなる。

私（大橋）は航空写真からも読み取るが、尾根がかったところの凸部（陽）の険しいのもいけないが、谷がかった凹部（陰）の険しいのは特に危険である。とても道を計画できない。人間性では、これを「陰険」といっている。

〈削〉

削《そ》ぐとは「殺《そ》ぐ」で、削り取ることである。崩壊地や溜り土などの斜面は削げた線で、このようなところに道をつけたら崩壊間違いなし。削げたものには貧しさを感じる。断面の線が削げている所は貧乏神・疫病神の棲み家だと思えば間違いない。近づかないに限る。

〈曲〉

曲がった者と書いて「曲者《くせもの》」という。地形図の等高線が曲がりくねっているところは、大昔から多くの変動を受けてきた複雑な地質である。

「心が曲がっている」とか「ひねくれている」などという。できればあまり近づきたくないところである。よいことはまずない。

〈乱〉

乱れるのは正常ではなく、「亡びる」に通ずる。乱れるには何かあるから乱れるので、何もなければ乱れない。人も、何かあれば心が乱れる。

山も同じで、等高線の乱れは、断層、崩壊地、地滑り地、およびそれらの候補地である。「乱」は「曲」と通じるところがあるが、ただ曲がっているだけでなく、いろいろよくないものが入り交じっていて道の計画は断念しなければならない。弱いところへシワ寄せされるように、これまで激しく変動を受けたところで、その地質は複雑である。基岩は破砕されている不安定な地質で、このようなところで工事をしているとニッチもサッチもいかなくなる。

たとえば地形図で水系がよくわかるように水色のペンでなぞった時、どの水系もズレていて、そのズレの点をつなぐと線状であるのは、断層によって影響を受けた破砕帯である。これは尾根の場合も同じである。

また斜面に凹凸が多く見られるところ、小さな谷や小さくて細い尾根が多いところなどは、乱れたわけのわからない地質のところである。

人間でも、わけのわからない人は嫌なものである。

〈薄〉

尾根幅の狭いところ、つまり薄い尾根は土が流れ去った痩《や》せ地である。表土が薄い。過去に流れ去ったということは、今後も流れ去る要因があるところで、道をつけるにも避けなければいけないところである。

〈尖〉

尖《とが》ったものには、人は恐れる本能をもっている。だから尖という字には「亡びる」とか「愚か」などの意味がある。

ゴツゴツした山肌、等高線が角ばったところは、岩石地でやむをえない場合を除いて道を計画するのは、本当に愚かなことである。

〈過ぎたるは及ばざるがごとし〉

内部の状態を見るのに、形のほかに「色」がある。人間の精神状態も「赤面する」とか「青い顔をして……」などといわれる。

樹木は、幹の色が明るいものは生命力が旺盛である。色が悪く暗い色をしたものは生命力が劣っている。間伐木の選定の時、細くても通直で色がよい木は見込みがあるが、太くても色の悪いものは早めに切るようにしている。スギの葉の色が濃くて、暗く湿ったような色の木は芯材が黒い場合が多い。

しかし、あまり色のよすぎるのも考えものだ。

路網を計画する時、現地踏査では地形と光と植生も見る。そこに生えている植物の種類と色を観察して地表下の状態を見分けるわけだが、水分が多すぎるところや崖錐《がいすい》（急斜面の下に半円錐にできた地形のこと）などの溜り土のところの木の幹は、周囲の木に比べて色がよい。その反対に、幹の色が劣っている木が帯状や一定の範囲に見られることがある。これらの木の下は表土が薄く、岩石があることを教えてくれている。伏流水のある場所も、航空写真で見ると色が濃く写っている。地滑りや崩壊地の心配がされる。

道づくりに関しては、周辺の幹や葉の色がよすぎるよりは、どちらかといえば及ばない方がよい。過ぎると書いて「あやまち」と読む。

人間も自然も、よく観察することが大切である。そして表面から表われたこと、表面から内面を読み取る訓練を日ごろからしてほしい。

こうして大橋さんが、山と人の見方は同じであるとおっしゃるのには道理がある。大橋さんが幼時より学んでおられた漢籍が教える人の「道」と、山で失敗から学んでこられた自然の〝理《こと》わり〟とが、大橋さんの頭の中で一致したからにちがいないからだ。

「危なくないところ」に「危なくない道」をつける。そして「危ないところにはつけない」。これが、いうことは簡単だが難しいところだ。

〝道づくり〟には心してかかってほしい。大橋氏の既刊三冊と今後つくられる新刊が、その道標となってくれるだろう。

「大橋学校」の生徒たち

〝人工林のふるさと〟五〇〇年の歴史の吉野で道づくり

岡橋清元《きよちか》さん（奈良県・清光林業代表）

木は伐っちゃいけないんだよ

『日本人はどのように森をつくってきたのか』（築地書館）という本がある。これは、一九八九年にカリフォルニア大学出版局より刊行された『緑の列島』が原著で、筆者のコンラッド・タットマン氏は、近年までエール大学歴史学の教授を務められていた。専門は日本近世史で、一九八一年から八二年にかけては徳川林政研究所に在籍されていた。

一九八八年にこれを邦訳してくださったのは、わが国の木質バイオマステクノロジー研究の第一人者で、「岐阜県立森林文化アカデミー」学長の熊崎実先生。熊崎先生は、訳者まえがきでこう書かれている。

「私の見るところ、日本列島におけるヒトと森との歴史的なかかわりについて、近年の研究成果を広く取り入れながら、その全体像を鮮明に描き出した『通史』としては唯一のものである」と。

私も、この訳本を初めて手にした時、なぜにこのような書が日本人の研究者に拠ってないのかと疑問をもったが、さもありなんと思うところもある。私の知る心ある森林学者は誰もが「林野庁解体論」を心の中にもつというのが現実だからだ。

環境保護グループの会合で〝間伐〟の必要を説くと、賢そうな子どもから「おばちゃん、木は伐っちゃいけないんだよ」といわれることがあって、そういえば私も昔はそう思っていた時代があったと思い出す。

本多勝一さんなどが知床の原生林のために「伐採反対！」を叫んでいた。

林野庁が、独立採算による赤字を埋めるためと称して、天然広葉樹林帯に大規模林道を通して伐採を進め、世の顰蹙《ひんしゅく》を買っていた。それが、子どもに「木を伐っちゃいけない」といわせる世論となっていたのだ。

岡橋清元さんとの出逢い

二〇〇〇年に「ＯＭソーラー協会」の小池一三さんが提唱された「近山《ちかやま》運動（近くの山の木で家をつくる運動）」（149頁参照）は、「木は伐っちゃいけない」と思いこんでいた子どもとその母たちに、間伐の大事を教えた重要な役割を果たしたといま、私にはわかる。

当時の私は、日本の川についての論陣を張っていて、森には注意がいっていなかった。近年になって、二〇〇三年に京都大学で誕生した「森里海連環学」を知り、また自分自身も森と川と海のつながりやつらなりが気になり始めて、ようやく私は「人工林は、伐らなくちゃいけない」とまた大きな声を出したくなってきた。列島の山里に棲む〝森仕事〟のできる男たちの年齢が六五歳を超えつつあることがわかったからだ。

そんな時、岡橋清元《きよちか》という男《ひと》に出逢った。

岡橋清元さん（五七歳）は、清光林業株式会社（一九五〇年設立）の創業家の岡橋家の第一七代当主である。岡橋家は代々、大和国高市郡真菅村小槻（現在の奈良県橿原《かしはら》市小槻《おうづく》町）で庄屋を営み、江戸時代中期から吉野の山林を少しずつ手に入れ、明治、大正、昭和の初期にかけて所有林を増やし、現在およそ一九〇〇haをもっている。通称「岡橋山」は、吉野林業の中心である川上村、東吉野村と、吉野村、上北山村にあり、立地条件のよい、地味の豊かな山が多いことで知られている。

日本の人工林のルーツ、吉野

『日本人はどのように森をつくってきたのか』では、為政者による記念建造物のための木材伐採圏が、西暦八〇〇年までは、いまの福井から和歌山の南部や三重の北西部までの、いわゆる畿内であることを図示している。

日本における人工林造成のルーツは吉野や京都北山とされているが、それはいわゆる「都」との関係の深さに起因するのであろう。

いま、私たちが家をつくる時のことを考えればわかるが、昔もいまも、高い山、大きな川、小さな川などがあって気候風土に適当な変化があり、地味のよい場所を求めた。そこが奈良盆地の大和朝廷であり、王族が春や夏に野遊びを楽しむ吉野は、優秀なる建材であるスギとヒノキを育てる、豊かな雨、力のある大地をもっている奥座敷だったのだ。

「山持ち」と「山守」

岡橋清元さんは、「山持ち」の一七代目。吉野では、大和盆地などに住む資産家が、山の所有者すなわち岡橋家のような「山持ち」となり、もとの所有者であった人物を「山守《やまもり》」として優遇して、山のお守、すなわち撫育《ぶいく》、施業をまかせるという歴史が、およそ三〇〇年くらい続いてきたといわれている。岡橋清元氏の父、清左衛門氏は、生涯でたった二度しか山に行かなかった「最後の山旦那」だったといわれている人だ。

吉野材は、中世以来、城郭や大規模な寺社建築に素材を提供してきた。年間四〇〇〇㎜を超える大台ヶ原の、わが国最多雨量の恵みだ。近世からは、灘の酒造業に樽を提供する、樽丸林業として発展し、密植、多間伐、長伐期。種から育てた実生苗《みしょう》（実から発芽させていく苗）を一鍬《くわ》植え。最初は一ha当たり八〇〇〇本から一万二〇〇〇本という超密植をして木の生成のスピードを抑制し、年輪を密にし、本《もと》と末《すえ》を同寸にする。その後は、下草を刈り、つるを切り、枝打ち、保育のための除伐をして、間伐をくりかえしくりかえし行って、最後は伐期を延長して大径木に育ててゆくという施業。一〇〇年を過ぎても間伐が続く、高級材である。

この吉野材は心材部の赤味が鮮やかなピンクで、周辺部が白い。樽の外側は白くて気品があり、内側の赤味からスギの芳香が清酒に染み、「灘の銘酒」の名を高めるのに一役買ってきた。

〝山旦那〟の一七代目に何が起こったか

一九七二年、芦屋大学を卒業した岡橋清元さんは、中学時代から植物図鑑をもって六甲山系を歩きまわっていた。一九六一年に外材輸入が本格的に自由化されてたった八年で、外材がわが国の木材消費量の半分に激減してゆくのを、思春期に見聞きし、育った。

卒業した秋に、林業同友会の視察旅行に父上と同行し、岐阜県の石原林材の機械化林業を見て、翌一九七三年四月には石原林材に研究生として受け入れてもらい修学した。しかし、もどっても、吉野ではすぐには「山には行かせてもらえなかった」。ここでは、山主やその子息が山に入ることは「山守を信用できないのか」ということになるからだ。

岡橋清元さん（右）、弟の清隆さん（左）、山守りの前田剛さん（中央）

しかし、岡橋さんには、「日本で一番高い材を、一分間二万円もかかるヘリコプターで出す」ことがいつまでも通用するとは思えず、ヘリコプター集材をしないでよい路網づくりに、弟と一緒に挑戦した。

これが見事に（？）失敗したのが、一九七九年。これでは山守さんたちに「やっぱり若社長（一九七四年に父上は会長に、清元氏は社長に就任していた）には山はやらせられん」と思われてしまう。

大橋慶三郎氏の道づくりに入門

大阪府の指導林家である大橋慶三郎さんは、大阪府河内郡千早赤阪村の自林内に、地形や地質や水脈をしっかりと読み込んで、危険なところを避けて、良い材を育てながら、材を安全に、

そして効果的に出せる道をつけるエキスパートとして知られていた。（60頁参照）

その大橋さんの林道づくりの吉野での指導に一〇日間つき合わせてもらい、岡橋さんの人生は決まった。

「自分が陣頭指揮をして、自分で道づくりをする覚悟があるなら協力してあげよう」の言葉で、大橋師の胸に飛び込んでいったのだ。以来二四年間、大橋慶三郎氏を師匠とする岡橋さんの〝道づくり〟が続いている。

吉野林業が機械化に遅れ、ヘリコプター集材しかしてこれなかったのは、急傾斜地が多いために、作業道が整備しにくかったからだ。吉野で、大型機械でトラックが入れる一般林道をつくれば、狭い林地がより減少するだけでなく、大規模な林地の崩壊を招くだろう。岡橋兄弟の最初の道も崩壊した。

大橋式高密度路網は、道幅が狭く、法面《のりめん》が低いために、崩壊もほとんどない。また水を道の外側へ排水できるようにしてあるために崩れにくい。小丸太を使って路面処理工もつくる。

大橋さんが一番気をつけてこられたのが「崩壊」で、そのため岡橋氏は二四年師事したいまも、地勢図への朱入れ（危険なところに朱を入れて避ける）は、師におうかがいを立てている。

一番安全な尾根にまず登り、そこから安全と思えるところに枝葉のように支線をつけてゆく。岡橋さんの吉野の地は、大橋師のつけた中でも最も急峻な地で、なかには四二度もの急勾配地がある。一本の安定した尾根を使うためにヘアピンカーブの急勾配で登り、その上下をできるだけ引き離すのが原則だ。

たぶん、素人が形だけマネをしても失敗の連続だろう。

〝吉野〟でできるなら、日本のどこでもできるはず

吉野は（紀州とならんで）、日本で一番最後まで（いまも）、一分間二万円のヘリコプターで集材をしている地だ。

日本で一番材が高く売れ、そして「山持ち」と「山守」という、山を維持する制度が、人々の信頼関係、信じあう心の持ちようによって保たれてきた、日本で一番歴史のある、日本の人工林の誕生の地である。ここでの苗づくりは、「吉野林業全書」の第三六図のように、種子を水に浸したり篩《ふるい》にかけたりして優秀なものを実生《みしょう》で育ててきた。

岡橋清元氏とは、吉野に天から舞い降りた、たった一粒の実生の種だったと、私は思う。

大学を卒業して二年の息子に社長職を渡した父親、「やってみますか」と一九七八年に岡橋林業株式会社の設立を後押ししてくれた吉野町の芋木喜三郎氏、そして二人目の父ともいえる大橋慶三郎師。そのいずれもが、獅子が子を谷に突き落とすように厳しかったゆえに、実生の岡橋清元氏は、あの急峻な吉野の山に高密度路網をつけ、年老いた山守でも、あるいはサラリーマンから

Iターンした初心者でも歴史ある吉野の山で働ける「社会システム」をつくりつつある。

私は、この吉野という地でできることなら、日本中のどこででもできるという確信をもつ。

林野庁は、三兆八〇〇〇億円の赤字を二兆八〇〇〇億円国民負担で返したが、まだ一兆円余の借金をもつ。それゆえ、山元の、山の守りをする技術をもった、農業と林業を兼業して食ってきた里人に仕事を出せないでいる。

世界でスギが一番安くなってしまっている現状では、大規模森林所有者は「動かぬがまし」と間伐をせず、小規模森林所有者は「間伐で補助がついても、この値段ではあらたな植林はできない」とあきらめている。

しかし、どうだろう。岡橋氏のように、道をつけながら、その作業の支障木を売って道づくりの費用とし、次の手入れがしやすいシステムを、日本中に広めるというのは。

林野庁は二〇〇六年春からのメニュー「新生産システム」で、それを進めようとしている。小さな森の所有者でも、それを団地化して、そこへ〃大橋式〃の高密度路網をつけてゆくなどのくふうをする「がんばる人」を応援してゆくというのだ。

〃森の使い方〃を一人一人が考える時代にきていることを、私は、このように吉野から学んだ。

「大橋学校」の生徒たち

妻とつくった作業道が経営を支えた

橋本光治《みつはる》さん（徳島県・橋本林業代表）

山のむずかしさ

高知空港から物部《ものべ》川を北へ遡る。分水嶺の四つ足峠を越えると徳島県の那賀川流域となる。車で一時間、旧・木頭村《きとうそん》に入ると、人工林の上部に天然広葉樹林が残っているのが目につく。「木頭スギ」がこのあたりの人工林のブランドで昔からスギの名産地だったが、古くからの言い伝えでは「スギを植えても、山の上三分の一と川の端は広葉樹のままにしておけ」といわれてきたからだろう。

戦後の一九六三年から一九七〇年にかけての拡大造林時代に、その言い伝えを犯してスギが植林された久井谷は、崩壊が絶えず、なんと四七三個を超える砂防堰堤が、つくってもつくってもたちまち砂に埋まってしまっている。この谷の源流の高地の広葉樹林を伐ってスギを植えることを決断したのは、木頭一の山持ちといわれた岡田家の長男・岡田丞助さんで、「当時兄は県庁勤めだったので国策にさからえなかったから、こんなことになった」と弟で山仕事をしている争助さんが、私を久井谷へ案内して下さりながら残念そうに話して下さったことがある。その争助さんも亡くなって久しいが、久井谷の崩壊は依然として止まっていない。

「植えてはいけない」といわれているところへ以前よりあった広葉樹を伐ってしまって植えるとどのように恐ろしいかがわかる実証地がここだ。崩壊によって人命も失われている。

この旧・木頭村からさらに下流へ一時間。那賀川本流の大きなダムの堰堤を二つ越したところへ左岸から入ってくる支流が臼ヶ谷《うすがたに》で、橋本林業一家はこの谷に昔ながらの居を構え、一八〇年生の天然林と一〇〇年生の人工林八〇haを所有し経営している。一九八〇年から学んだ大橋慶三郎式路網の総延長は、すでに二六kmにもなっている。ha当たり二二〇mの路網密度だ。

六〇歳の橋本光治《みつはる》さんは、一九八〇年三四歳の折に、大橋慶三郎さんの山と作業道を林業仲間と見学した。

那賀川中流域の相生町に生まれ、徳島市内の城北高校から関西学院大学法学部を卒業して、四国銀行へ入社し、神戸支店で三年、阿南支店で四年勤めた橋本さんは、大学卒業の年に見合いし、二年の交際の後に養子に入った橋本家で妻の祖父が亡くなり、高額の相続税の支払いに難儀をしていた。義父は山に来た税務署員に「うちの山は、そんなもんやないで（税務署の見立てよりたくさんあるとの意味）」というような方だったので光治さんは苦労したのだろう。年間四〇〇万円くらいの支払いが一五年も続いたという。

それまで山のことは山師にまかせて木を伐り搬出してもらっていたが、阿南から妻の里へ帰郷するたびに奥山の立派な木から伐られてどんどん出てゆくのが気になってきた。「このまま他人まかせにしてたら山は丸裸になって何も残らへんのとちゃうか。どうせ潰れるんならやることをやって潰れたら納得いく」と思い始め、養子として橋本家の山と真剣に向かい合うことを決意した。

夫婦で大橋氏に弟子入り

とはいえ、何かアイデアがあったわけではなかった。ある時、木頭村の久井谷に国策だからと広葉樹を伐って人工スギを植えて後悔している岡田丞助さんの息子・道夫さんが、大阪の指導林家の大橋慶三郎さんに習って林内に作業道をつけようとしていると耳にした。道夫さんは夫婦で大橋さんの弟子の奈良県吉野の岡橋山へ修業に入るのだという。久井谷の経験で崩壊地をいじるとこわいことを知っていたから安全な道を林内につけたかったのだろう。

「わしらにもできるやろか」。光治さんと延子さんは毎日相談を重ねた。延子さんは二九歳で、長男の忠久さんが小学校へ上がろうとしていた。「お父さん（光治さんのこと）、やってくれはりますか。うちの山のことで苦労ばっかりかけますけど、私も一緒に山で働きますから」。

二人はまず大橋山を見学させてもらい、「祖父の相続税で山を丸裸にしたくないのだ」と大橋さ

集落の人にも使われている橋本作業道

んに相談した。大橋師は時に五二歳、道づくりを始めて三〇年近い経験をすでにもち、御自分の山の経営が安定して、大阪府の指導林家にもなって、山の経営に苦しんでいる人たちを助け始めたころだった。

橋本山に大橋師の設計で最初の作業道がついたのは一九八三年。大橋先生に林業も習い、持山への道づくりを手伝い、その経験だけを頼りに、二人はあらたな道づくりを続け、材を伐り出し、山を撫育し、林業経営を行ってきた。〝夫唱婦随〟というより、「二人は戦友」といえよう。

吉野の岡橋山と、〝木頭ブランド〟で世に出る橋本山の道づくりを比較してみると、岡橋山では一九〇〇haをもつ一七代の山持ちにふさわしい道づくりをするという理想が一番大事にされ、橋本山には八〇haの裏山をこの道づくりで守りきるという気概が見受けられる。ありていにいえば、経営の大きさがちがう中で、橋本さんは道づくりにタダで使える材料をできるだけ自分の山の中でみつけなければならなかったということだ。

いま、林野庁の九州森林管理局が道づくりの方法として採用し、ＤＶＤで広めている、根株をそのまま道づくりに使う「根株《ねかぶ》処理」は、橋本さんが経費を安く上げるために考え、それを田辺由喜男さんにも教えたものだ。岡橋山のように、道をつける時の支障木そのものが、〝吉野ブランド〟で高く売れ、その資金で市場に出ている安い小丸太を買ってきて丸太木組みで道を強化し、吉野材を傷つけないしっかりとした、一七代の歴史に恥じない立派な道をつけることは橋本さんにはできなかったし、必要もなかった。吉野には、急傾斜地でしかも破砕帯もある山であるために、橋本山よりもより完璧な道づくりが要求されていたという事情があったからだ。

橋本林業の作業道は、すべて臼ヶ谷周辺の裏山にある。いまは自分と妻と息子の三人の手があり、毎日山を見まわっていれば、仮に壊れてきていても応急処置がすぐにでき、臨機応変な道づくりができる。だから橋本さんは、大橋師が「壊れた事例がある」と使わなくなった〝天地がえし〟の技法をいまも使っている（これが林野庁のＤＶＤでは〝表土積み〟と称されているものだ）。

橋本夫婦がお孫さんに林業機械を赤ちゃん時代から買い与えてきたのも、二人か三人いれば十分に持山の手入れはできるとわかっているからだろう。孫の宗久君は、三歳なのにとても賢い。

祖父母と父の林業家三人の会話の中で育ってきたからだろう。「グラップルは……」などと口にする子だ。

幸せをくれた路網

光治さんは「いまは、重い相続税をかけてくれた税務署に感謝してます。いや、イヤミやなくて、本気で。〝時〟が〝心〟を変えさせたんです。私は、そやなかったら、何も手を打たずに平々凡々に暮らしていて、材価の安い今、潰れていたと思う。何とかしなくてはという気持ちがあって大橋先生に出逢えたし、道づくりを教えてもろて、この道があるおかげで私はいま、以前に比べて年に三か月くらいの時間の余裕ができ、よそに道づくりを教えにいってあげることもできるし、先の見える林業経営ができてるし、あと何年でも死ぬまで山で働くことができる。妻も息子も、おそらく孫も一緒に山で働けて、どこにも働きに出んと家族で山元で心豊かに暮らしてゆける。〝道づくり〟は私にこんな幸せを与えてくれた。そやからよその人にもこの道づくりが林業に余裕を与えてくれるんやと教えてあげたいんですわ」。

光治さんは、ふた山北へ越えた吉野川流域の旧・木屋平村の「ウッドピア」（181頁参照）のIターン・Uターン者で構成される林業事業体や鹿児島県にも、大橋慶三郎式の道づくりの指導に行っている。

「ウッドピア」では、Ｉターンで、林業を全く知らなかった若者たちが、高密度路網をつけることによって高性能機械を使いこなして作業効率を上げ、〝儲かる林業〟が成立している。小規模森林所有者の取りまとめもできているので、作業道の開設も容易だ。

やはり、これからの〝林業再生〟のツールは、「道づくり」と「所有者とりまとめ」につきる。そこで。橋本林業と光治さんの次なる課題は、持山の周辺の小規模所有者をとりまとめ、那賀川流域全体の森林政策を考えてゆくことだろう。

二〇〇六年、徳島県林業研究グループ連絡協議会は、橋本光治さんを会長に選んだ。気位の高い歴史ある人々が「一言壮士」を会長に選んだのは、橋本さんの人格が素晴らしいからだけではなく、「林研グループ」の林業家たちに危機意識が芽生えてきたからではないだろうか。危機感が〝努力〟を生んでくれる。

そう考えると林業に、少し明るいきざしが見えてきた、ともいえるのではないだろうか。

〝森の団地化〟の最先端

日吉町森林組合の皆さんと湯浅勲参事（京都府）

森林組合は、漁業協同組合・農業協同組合と並び、日本列島の「骨格」を、各地にあって支えるべき組織である。しかしドイツなど他の森林国と比較してみると、それが近年は特に機能していないことがわかる。

その森林組合を、二〇年、いや厳密に見るとおよそ一〇年くらいで完全に甦らせてしまった人々がいる。キャプテンは、湯浅勲さん五四歳。森への高い〝志〟をもって働く男女を、日吉の森に見た。

森と森林組合の復活作戦

山陰本線JR日吉《ひよし》駅から歩いて一分。そこには日吉町産業振興会館という二階建ての建物があって、森林組合、商工会、建設業協会が一緒に入っている。二〇〇六年の春に周辺六町が合併し南丹《なんたん》市に合流した旧・日吉町は、人口およそ六〇〇〇人。町内森林面積一万七〇〇〇ha、森林率八七％、民有林率九八％、人口林率四二％の、日本の平均的な中山間集落で、森林組合員が九三四人だから、森林組合としても平均的なところだろう。製材は手がけていない。

合同庁舎の一階正面には、「森の道具屋」という森林組合が経営する工具店があり、チェーンソーや機械・工具類、一般雑貨を置いている。この店のショーウインドを見た時、私には、この組合が評判どおりの〝仕事人集団〟であるとたちまち理解できた。最新のチェーンソー、ピカピカのノコ刃、安全靴・ヘルメットなど作業員の生命を守る品々も最新で世界水準品なのだ。これらの品々は、この森林組合で働く人間には、下着と靴下以外はすべて支給されている。それでもこの店で置いてあるのは、この町や周辺で暮らす人、あるいは通りがかりでも林業に関心のある人には、林業の現場でいまどのような道具が使われているかの情報を伝えたいという、この組合の意識が現われているように思える。

職員数二〇名（現業職員一一名、事務職員九名）、技術班員四名、臨時技術班員四名の二八名で働くこの日吉町森林組合がやっていることは、林野関係者にはすでに知られていることだが、一つは「小規模森林所有者の取りまとめ」。

「民有林率が九八％」と聞けば、取りまとめをやれていなければ組合運営が順調にゆくはずがないとわかるのが当たり前だと、他の森林国の関係者などがもし日本へ来ればいうだろう。しかしこれまではほとんどの人がそう考えなかったところに、日本の林業関係者の〝病理〟があったのではないかと私は考える。

日吉町森林組合は、一九九七年から「日吉の森復活作戦」を始め、小規模所有者の取りまとめに「日吉の森〝森林施業プラン〟」(施業見積書)をつくって、使ってきた。

造林(実際上は間伐作業)補助対象となる齢級(三一年生〜三五年生)以下の林分を中心に、一筆《いっぴつ》(登記簿上における土地の区画の単位)ごとに森林調査を行い、必要な施業の内容と必要経費を明記し、現況写真を貼った施業見積書「森林カルテ」を作成し、森林所有者に説明(当初は地区座談会を開催していたが、のちには郵送で済むようになった。町外所有者にも送れる)し、注文がまとまったら間伐・枝打ちなどの作業を行ってゆくというものだった。五年間で一五〇〇haの間伐をし、町内をほぼ一巡できた。

二〇〇二年からはこれをもう一歩進化させて、作業道の開設と間伐材の搬出までを提案することにした。名称も「森林カルテ」から「森林施業プラン」に改めた。所在地、面積、樹種、林齢、間伐率、間伐本数、作業道開設ルート、必要延長などが記載されている。

「作業道開設」が、日吉町森林組合がやってきたもう一つの特徴的な仕事である。町内の林道・作業道総延長は一二万七〇〇〇m。人工林内の路網密度は、一ha当たり三二・六mとなっている(二〇〇六年一月末まとめ)。

森林所有者のとりまとめをし、林業の現地を団地化することによって、間伐作業のコストダウンがはかれる。林内に作業道を開設しておくと、次回の間伐からは収入が見込める。作業道開設の説得も、まわりが同意すると容易になる。

「日吉の森復活作戦」は、間伐施業の遅れを取り戻す事業から、将来の地域の森林経営を視野に入れた、森林コンサルティング事業へと、進化・発展していったものといえる。

一人ひとりの中に根付く、今日、明日、そして将来の仕事

湯浅勲さんは一九八七年、三五歳の時に、森林組合に転職した。日吉町に生まれ、工業高校を出て、民間企業で図面を描く仕事をしていたが、日吉町森林組合に働かれていた父上が病を得られたことによりUターンをし、後釜が決まらない父の後継者として日吉町森林組合に就職したのだ。

幼いころより、父上の関係される森林には興味ももっていたし、大企業に関係していたために人間の経済行為の一コマとして自分が働くことと、「ローマクラブ」などが提言した「成長の限界」（一九七二年に提言された）というキーワードをいつも頭の片隅で考えていた湯浅さん。

森林組合に入ったのは、〝第二の人生〟でふるさとの山を何とかできるかという〝希望〟を持っていたからだろうが、入ってみての想いは「なんやこれは、大正時代やないか」というものであった。

仕事を覚え、「森林を守るべき森林組合は本来何をするべきか」を考え始めたころに、年長者が相次いで定年を迎え、湯浅さんが提案できる状況が組合にできてきた。京都府森林組合連合会にも提案してみたがほとんど採用されないので「うちだけでもやってみよう」と仕事仲間と話しあって、現在の姿にまで進めてきた。

「改革」は、一人ではできないことを、民間会社にいて感じていたからだろう。「いつも〝三方よし〟を考える」というのが、この男《ひと》の人生訓だ。

日吉町森林組合の一週間は、毎週月曜朝のミーティングから始まる。

常勤・非常勤、技術職・事務職の老若男女すべての職員が一同に会してのミーティングだ。ホワイトボードがいくつもあって（現場だけではなく事務方にもある）、各人の報告が、耳からだけでなく、目からは字として残る形で、みんなに理解できるようになっている。たとえば事務方の女性は「次にはあの作業にこんな看板がいるな」と考えたのだろうか、ミーティング時には黙って聞いていただけであったが、終わるとすぐに動きだし、現場看板を書き込み始めた。

ここでは誰もが、一人ひとりの頭の中で、日吉町森林組合の〝今日の仕事〟、〝明日の仕事〟、〝将来の仕事〟をイメージし動いている。

これが「京都府の日吉町森林組合」なのである。

日吉町から日本中の組合に

今日の姿になるまでの日吉町森林組合の歩みはすでに様々なところにレポートされており、それを読んでいただければよいが、やはり「人」に尽きるように見える。

林業を知らなかった一人の人間が動き始めて一〇年で、〝普通規模の森林組合〟が、わが国の森林組合があるべき姿に甦った。それを成し遂げたのは、そこに働く一人ひとりの職員で、その人たちが「動いた」のは、自分たちが動けば日本の森を救えると信じることができたからだろう。

いま、日吉町森林組合には視察の申し込みが殺到している。一グループに視察費を三万円、日吉町森林組合は請求する。組合の頭脳である湯浅さんを一日お使い立てする日当だろう。

コンピューターに入力された「森林プラン」のソフトも公開し、販売してあげている。

自分たちの組合と同じように、日本中の組合が、地域の森林所有者を取りまとめ、間伐し、それによって〝儲けてみせる〟ことができれば、日本列島の森が生きかえることができ、日本が「あるべき森林国」の姿となると、この人たちの頭には描けているのだ。

日吉町森林組合の次なる課題は、いまは森に置いている切り捨て材をいかにして使ってゆくかだろう。ＥＵ（欧州連合）諸国では、最も困難な場所から切り出してきたバイオマスエネルギー資材に最も高い価値がつく政策が、ＥＵでも、国でも、各自治体単位でもとられている。

日吉から始まる「日本の森復活作戦」は、日本の森林政策をＥＵ並みにきっと持ち上げると信じたい。いやそうすることが、私たち「森林国」日本国民一人ひとりの使命ではないだろうか。

日吉の森で、私自身はそう覚悟を決めた。

第三章 「二十一世紀の森づくり」を訊く

日本の森は、いま

竹内典之さん（京都大学教授、人工林研究）に訊く

京都大学で、北海道、和歌山、芦生《あしう》の演習林長を歴任し、いまは京都大学のすべての演習林の総合責任者であり、最近まで、全国の大学が持つ演習林の林長たちをたばねていた竹内教授は、山に出かけないと「山に行きたい病」を発病するという。「明るい人工林」がこの方のモットーで、間伐のされていない日本の森を憂えるだけでなく、二〇〇三年には「森里海連環学」もヒラメの研究者とともに提唱された。

林野庁を、心配するお一人である。

江戸時代から明治期までの森林の変遷

天野　竹内先生は日本の人工林の研究をずっと続けてこられたわけですが、まず、日本の森林が現在に至るまでの変遷を教えていただけますか。

竹内　日本において全国規模で森が大きく変化したのは、一六〇〇年代、江戸期最初の一〇〇年

といわれています。秀吉、家康によって国家が統一され、権力が集中することによって権力者が全国隅々までの資源を利用できる体制をつくりあげました。しかも社会経済が安定することによって、日本の人口が二桁あがるくらい増えてきたということで、森林資源が大量に必要になりました。そうしたことで、だいたい江戸期初期の一〇〇年で、日本の森は北海道南西部の渡島《おしま》半島から鹿児島県の屋久島まで、原生林が消えたといわれています。

一七〇〇年より少し前の社会では、日本全国で土砂災害、干害が頻発するようになったので、徳川幕府は慌てていろいろなことをやりました。たとえば「留木《とめぎ》」（木を伐ることの禁止）や「留《とめ》山《やま》」（山への立ち入りを禁じる）制度のような極めて消極的な政策を打ち出しました。次は、それでは間に合わないというわけで、軽犯罪者に山野に木竹を植えさせたり、造林奨励をしたりしました。その時に、日本特有の、民間による植栽を伴う育成林業があちこちに出てきました。たとえば天竜林業であるとか、千葉県の山武《さんぶ》林業だとかです。

それによって森林の危機は一応脱したというのが、一回目の日本における全国規模での森林の危機でした。

江戸末期から明治の初期にかけては、日本の森林が大きく変化し、とくに北海道では変化が大きかった。明治政府が確立していく中で、政府はいろいろな施策を出してきました。一つは富国強兵。それを支えていったのが林産物だったといわれていますが、一八九四年の日清戦争から一九〇四年の日露戦争を挟む時期は、日本経済が非常に発達した時期で、一九〇六年には鉄道国有化法ができあがりました。要するに日本の国土開発を国がやろうとハッキリと方針化したのがそのころで、そのためどんどん天然林を伐っていきました。木材供給基地がどんどん増えていくという形で展開していったのです。

伐った後は、この時代にすでに確立していた吉野のスギと尾鷲《おわせ》のヒノキを全国に植えて、失敗地を多く出しました。それが「第一次拡大造林期」だったと考えています。

天野　その「第一次拡大造林期」は何年から何年まででですか？

竹内　一九世紀の終わりごろから二十世紀の初めにかけてです。二十世紀の初めの三〇年代くらいまでは、毎年一〇万haくらいずつ造林がされました。一〇万haとはどんな規模かわかりにくいと思いますが、江戸時代のさっきいった一七世紀に始まった造林がありますが、江戸末期にどれくらい人工林がつくられていったかというと、恐らく五〇万から六〇万haだったといわれています。つまり、江戸時代に三〇〇年近くかけてつくられた人工林が五〇万から六〇万haです。それに比べて二十世紀初頭、毎年一〇万haずつ植えられたということは、どれくらいの速度で森が変わっていったかがわかるでしょう。

ただ、太平洋側の吉野のスギや尾鷲のヒノキをやみくもに全国に広げたために、失敗地がどんどん増えたということがあって、その時代に国有林は一度、人の手を加えない天然林施業というふうに変わりました。ところが、その天然林施業もある意味でかなりいい加減な部分があって、良い木だけとって、あとは放っておきました。だからやはり天然林も劣化していったという歴史があります。

日本の山は戦争と経済成長で大きく変化した

竹内　一九三七年ごろになると、民有林では天然林から出てくる材と人工林から出てくる材が、ほぼ半分くらいずつになりました。それ以降は、それほど拡大造林は進まなかったが、それでも回転していくはずでした。

ところが、一九三七年の日中戦争に始まる戦時期に入って行く中で、植栽と伐採のバランスが崩れてきて、どんどん過伐が進んでいきました。一九四五年に戦争が終わっても、そのあとの国土再建や占領軍による木材の需要があり、やはり一九五〇年くらいまでは過伐がどんどん進んでいきました。そのころの日本の森には、崩壊危険地帯が恐らく五〇万haはあったといわれています。皆伐したけれど、植えも何もしてないという山野が二〇〇万haもありました。その結果、戦争直後くらいからしばらくの間、台風のたびに毎年のように数千人の規模での死者、行方不明者を出すような土砂災害が起こったことで、市民の意識は「国土緑化」に向かいました。

本来それで落ち着くはずだったですが、その時期から日本の高度経済成長期が始まり、木材需要がどんどん増えていく中で起こったのが、いわゆる「大規模拡大造林」です。これは、最盛期には年間四〇万から五〇万haくらいの天然林が人工林に変わるという形で展開していきました。

一九七〇年代に入ると、高度経済成長に陰《かげ》りが見えてきました。あまりにも無理をした高度経済成長の中で公害問題が出てきて、その一方で市民の生活が安定してきました。市民が安定した生活に基盤を置いて自分たちの環境を見直す中で、森に対する要請はどんどん変わっていったのです。

一つは、ちょうど同じころに起こってきた都市への人口集中と重なる渇水問題です。それまでは、森に対しては「木材供給」といってきたのが、コロッと変わって「水源」としての位置づけ、「環境としての森」という位置づけ、環境資源としてのあり方への要請がどんどん強まっていったのです。

さらに一九八二、八三年くらいに出てきたのが、東北の白神《しらかみ》山地と北海道の知床半島の開発問題です。それに少し先立って割り箸論争もありました。その後、水源税論争が展開されていきました。それを、林業がどんどん衰退していく中でやってきました。それに最終的に強烈なパンチを与えたのが、一九九二年です。

天野　「地球サミット」ですね?

竹内　リオ・デ・ジャネイロの「地球サミット」で森林がかなりはっきりと位置づけられたこと

図表3　日本の森林資源

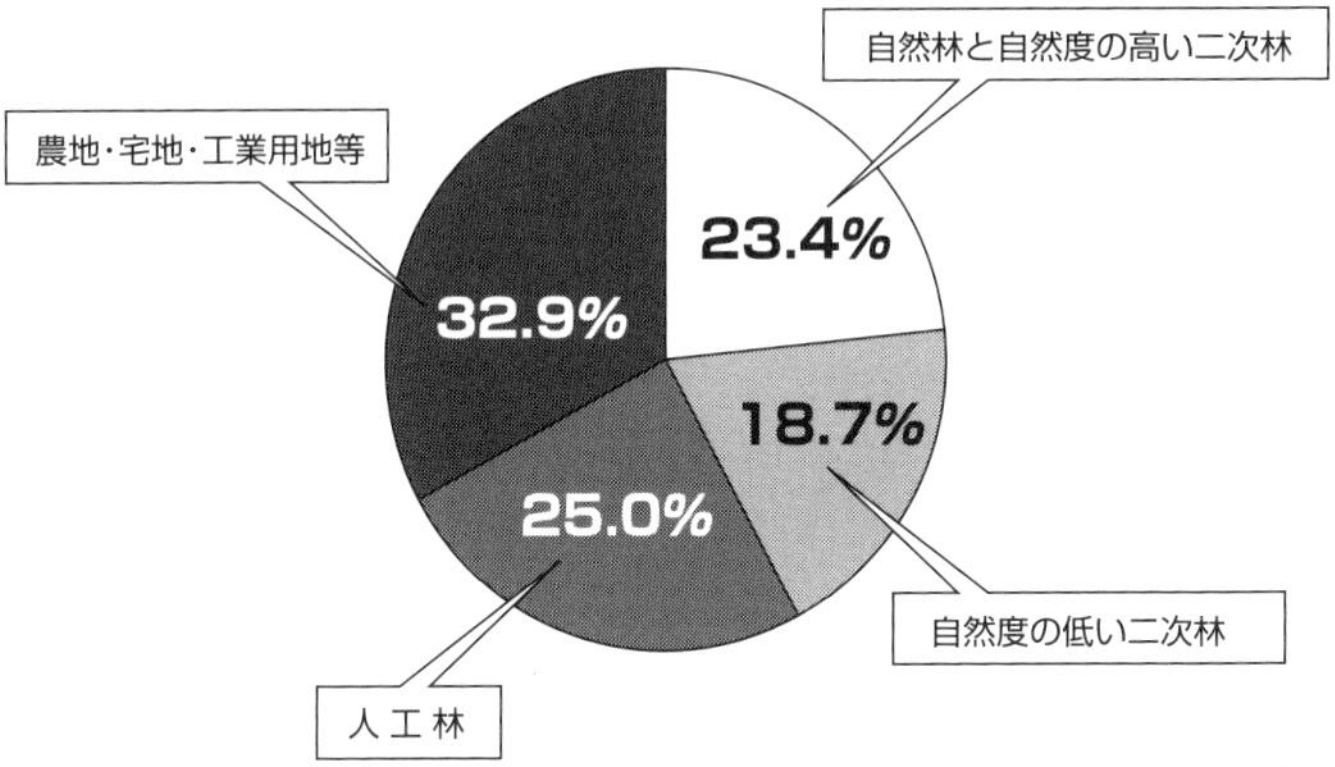

（竹内典之氏提供）

で、林野庁も大慌てで方針転換を図っていったんだろうと思います。それから一〇年くらい経った二〇〇三年ごろに「じゃあ森林って何だろう。日本で森林ってどういう機能を持ってるんやろう」という話が出てきました。これが、いままでのだいたい日本の森林を取り巻く状況だろうと思います。

一八・七%の森をどうするか

竹内　いま、日本の森林資源を見直してみると、国土の六七・一%はひと目見たところは緑豊かな森林です。しかし、その内訳を見てみると、いわゆる自然林といわれている林、あるいは自然度が極めて高い二次林を合わせて、だいたい二三・四%です。

そして、国土の一八・七%はいま、松食い虫などで大騒ぎしているような自然度の低い二次林です。立っている木の本数も少ないし、蓄積も少ないし、種の構成も極めて貧弱になってしまった自然度の低い二次林と、残りの二五%が人工林という森林構成になっています。この現実は消せないので、この現状から二十一世紀の森をどう展望していくかというと、国土のわずか四分の一以下になってしまった自然林と自然度の比較的高い二次林に関しては、いろいろな意味で国民の財産であり、生物種や遺伝子のプールです。あるいは様々な生態系を保全していくエリアとしても、同時に他の林を保全していく時の対象でもあるということで、その部分は今後手をつけずに保存していく必要があるでしょう。人間がかかわらなければ、よほどの災害がない限りは大きな撹乱は起こらないだろうと思うので、そのまま観察したり、あるいは比較研究するための対象として残していくべきだろうと思います。

問題は、自然度が極めて低くなってしまった一八・七%の二次林をどう保全していくかです。ここはもはや環境としては劣化してしまっています。そこでいま何ができるかというのを、もう一度考え直す必要があります。

なぜそんなに劣化してしまったのかというと、何度も何度もくりかえし木を使うことによって、土壌を劣化させてしまったからです。もう一度森林の持っている、土壌をつくったり、保全したりする機能をできるだけおぎないながら、少しずつでも充実した林に持っていくべきです。そのためには、ひょっとしたら笹を刈り払うという作業が必要かもしれません。

ただ、数字的には一八・七％で小さく思うかもしれないけれど、国土の一八・七％というと、実際の面積はかなりあるので、ボランティアだけでなんとかできる面積ではないでしょう。世の中にはボランティアでなんとかなるという話が出ていますが、私はボランティアでやれる範囲ではないと思っています。私はもう一度、里というか、農業との関係をどう取り戻していくかということを大きな課題として設定していく必要があると思います。

森の再生のための「森里海連環学」

天野　二〇〇三年に京都大学で竹内先生たちの「フィールド科学教育研究センター」から「森里海連環学」が出てきて、その研究の一つで、間伐材を使って京都大学では「ｊ－ｐｏｄ」という「小屋」というと失礼ですが、京都大学と民間企業の連携で簡易住宅をつくられていて、賢い工務店たちはこれを見学に行ったり、「〝森里海連環学〟実践塾」も始めてますね。

竹内　それはどちらかというと、もっと大きな面積を占めている、国土の二五％、森林の四〇％を占めている人工林に関する問題だろうと思います。人工林の大半、それこそ九〇％近くは戦後の拡大造林期以後につくられたものです。考えてみたら一九五〇年代、六〇年代に植えたものも、すでに四五年以上経っています。それなりに太くなってきています。それらの林は四五年から五〇年で伐って柱に使いましょうと、どんどん植えてきたものです。

ところがいま、林業の採算性が合わない、いまその林を伐っても再造林するだけのお金は山に残らないということで、一つは「長伐期化」がいわれています。あるいは、これらの森をより健全な「針広混交林」にしましょうという話があります。

確かに長伐期も、吉野の森を見てみれば素晴しい林になってるし、針広混交林も、生態学的あるいは生物多様性を考えても、目標にして良い林だと思いますが、放っておいてもそうなるわけじゃない。いま、大事なのは、そこへ移行させるために何が必要かです。必要なのは、やはり「間伐」です。森はどこまでいっても林木があって、林木と林木との空間に他の生物がいて土壌があって、という生物集合体です。林木だけでは森でないし、土壌だけでも森ではない。それらを総合したものが森なわけで、健全というのは立ってる木だけが健全であっていいという話ではない。森全体として健全になる必要があります。そのためには、絶対にいま間伐が必要だし、「林床《りんしょう》」といっているんだけれども、林の中の地面に木漏れ日が入るという環境をつくってやることで、どんどん可能性を増やしていく作業が必要なのです。

もう一つは先ほどもいったように、もともと四五年から五〇年くらいで皆伐しようと考えていたわけですから、すでに利用対象になってきているわけです。だからキチッとしたシステムさえつくれば、間伐は可能だと私は思う。

ところが、いまはまだお金にならないという形で間伐がされずにどんどん残ってきました。

私の考えでは、現実に間伐が急いで必要なのは九〇〇万haくらいになるだろうと。そうすると一〇年にいっぺん間伐するにしても年間九〇万haくらいは伐らないといけない。でも、現実に間伐されているのは三〇万haくらいです。しかもその三〇万haは、キチッと管理されていて、一〇年置かずに五年でやってる所も含めてです。あとは間伐されずに残っているのが現状です。その現状を打破するためには何が必要かというのが、さっき天野さんがいいました、賢い工務店の動きと山側とがもう一度どうつながっていくんやということです。大手ハウスメーカーは、確かにロットは大きいけれど、地道に、地域の人とつながって、生き方まで考えて、地元の山の木を使って家を建ててくれという提案にはなりにくいからです。

末端の消費者と常に向い合っているのは小さな工務店の人たちだから、その人たちはやはり消費者たちの意向を一番よく知っています。だから、そこを「賢く」ならせて、もう一度森が人に与えてくれているものをちゃんと森に返してゆく仕組みをつくりながら、間伐を進めていく社会システムをつくらないと、日本の森の本当の再生の可能性はないでしょう。森の再生がなければ、日本の川も海も再生できないだろうというのが、われわれの「森里海連環学」の主張です。

かつて「森と川と海」はつながっていた、つらなっていた

竹内　間伐が必要という話をしましたが、なんで天然、原生の林がいいのかというと、たとえば

白神山地を歩いてみたら、土が全然違うことは誰もが実感できることだと思います。森は、さっきもいったように、林木、要するに樹木と樹木以外の多様な生物と土壌とでつくりあげられている系としてあるものです。

たとえば「森にはいろいろな機能があります」という話をされる方がいます。その時に、水の保全や水源管理という言葉が盛んに使われるけれども、じゃあ一体、森のどこが水の管理をするんやという話になると、木は水を使うだけで水を管理するのはやはりスポンジみたいな土壌なんです。だからもう一度土壌づくりから考え直した森林施業を組み立てていく必要があるわけです。結局、そのへんで一番根元まで戻ってみて、森林再生をもう一回見直す必要があります。そうすることで初めて、下流とのつながりが取り戻せるんじゃないかと思います。そのつながりを取り戻すのが二十一世紀以降の森林に課せられた、森林にかかわっている人間に課せられた課題だろうと、私は思っているわけです。

天野　それが「森里海連環学」を京都大学が二〇〇三年に提唱された想いなんですね。いまいわれたことを実現するためにどういう研究をし、どういう動きをしていけばいいのでしょうか？

竹内　「森里海のつながりを明らかにしましょう」と私たちはいいました。天野さんは時々「森里海連環学が二〇〇三年に創設されました」という表現を使うけれど、実は創られたんじゃなくて、創りましょうという提案をしたというのが現実です。森里海、森と里と海、森と川と海のつながりをもう一度どう二十一世紀に取り戻していくかです。人間が介在していなかった原始の世界では、森と川と海は見事に……。

天野　つながっていたし、つらなっていた。

竹内　そこへ人間が入ってきて里がどんどん力を得ることによって、変えて来てしまいました。しかしいま、人間社会、つまり里を抹殺するわけにはいきません。日本の人口の三分の一の首を刎《は》ねなさいというわけにもいきません。そうした状況の中で、もう一度どう「つながり」や「つらなり」を取り戻していくのか、ということです。

森は水の流れからすれば最上流に位置しているわけで、いろいろなものを運んでいるのは水、つまり川だと思います。そうすると、森と里と海、森と川と海のつながりの健全性を取り戻すための必要条件は、やはり最上流の「森」をもう一度健全にすることから始まるはずです。

間伐遅れが風倒木や水害を引き起こしている

竹内　ある意味では、二十世紀の「国土を緑にしましょう」という試みは成功しました。空から見れば、日本の森は緑になりました。でも、いま盛んにいわれていることに「緑の砂漠」という表現があります。リスやネズミやウサギの視点で見れば、日本の森はどんどん砂漠化してしまっています。これをまず止めましょうというのが、間伐です。だからこそ、たとえばいま盛んにやられている、伐っても伐らんでも同じような木、もう完全に枯れたような木だけ伐って、これで間伐しましたというのでは、寄与したことになりません。そうじゃなく、ちゃんと林床に光が入ってくるような間伐をどうやっていくかです。しっかりした間伐を進めるには、やはり間伐材が町で使われないと、いまの状況が続くしかありません。そのためには、いかに間伐材を使うシステムをちゃんとつくれるかということに尽きます。

以前は、たとえば国の補助金にしても間伐だといったら伐ることだけに補助金が出て、伐り捨てであろうが何であろうと補助金が出ました。これをキチッと最後に使われる所の話までにしていく必要があると思います。

もう一つは、日本にはいまでも吉野などに行くと一〇〇年生であるとか二〇〇年生の、私から見ても健全だと思われる人工林があります。いまのまま間伐せずにおいておいたらどうなるか。恐らく一〇〇年生の森はできるだろうし、二〇〇年生の森もできるでしょう。でも、その時は、いまの吉野にある健全な林とは全く違ったものになってしまうだろうと思います。なぜかというと、スギ、ヒノキの特徴は極めて耐陰性《たいいんせい》が強いからです。

天野 タイインセイ?

竹内 極めて弱い光でも同化できる性質を持っているということです。

天野 ドウカ?

竹内　同化、同化作用ができる。葉緑素でもって取り入れた養分でタンパク質や何かをつくっていく作用ですね。要するに生物生産ができる。だから私たちは「自己間引き」というんだけれども、自分たちでどんどん間引いていく、という林にはならないで、いつまでもいっぱい木が残った林になってしまいます。そうすると、一本一本に十分光が当たらないから、結局ヒョロヒョロの木になってしまって、極めて不健全で、ちょっとした雪が降ったら雪害を受け、台風が来たらパタパタと倒れたりといったことが起こりかねないし、現実にここ数年来ずっと続いてますよね。

天野　水害ですね。

竹内　水害もですけれど風害も。台風が来るたびに、大量の木が倒れたり折れたりしてるというのは、ここ数年です。昔から人工林はあったはずだけれど、いまみたいな被害はやはり私は間伐遅れだろうと思います。

水害の話はなかなか難しいものがあります。水を蓄える能力は、素晴しい林、健全な林は、水を蓄える能力が大きいといっても、無尽蔵ではありません。ある程度以上になると災害が起こる可能性はあります。天然林や原生林で絶対に災害が起こらないかといったら、そうはいかないだろうと思うけれども、ここがしっかりしていると危険度はずいぶん下がるだろうとは思います。

「森里海連環学」を学ぶ工務店

天野　いま、賢い工務店になっていこうとする人たちがいて、「森里海連環学」を使って、森里海連環学実践塾を展開してますけれども、その意義を説明してください。

竹内　さっきもいったように、間伐を進めるためには、間伐材を町で使うこと以外にありません。賢い工務店さんたちは、「この木をいかに使うか」を考えます。その時に、この木を遠いところから運んでいたのではコストが合うはずがありません。もう一度それぞれの工務店さんが地元の木を地元の人たちと一緒に使っていくシステムをつくっていく、地元に「建築システム」をつくっていくというのが、私は一番安くできる「森を健全にしてゆく方法」だと思います。家が一番安くできるということは、山に一番お金が残るシステムなわけです。山にお金が残らない限り、間伐を持続的にやっていくのはほとんど不可能に近いと思います。

天野　林野庁が考えた「新流通システム」や「新生産システム」は、どちらかというと間伐のスピードをアップして、コストを安く間伐をしていって、大ハウスメーカーに国産材を使ってもらう。日本の使われている材料の八割は外材ですけど、この八対二を変えさせよう。国産材を使わせようということで、わりと急いで人工林の間伐をしようとしているんですけど、吉野の岡橋さんの森（74頁参照）でなされているように、時間をかけて良い材を使う間伐になるのかどうか、という不安が私にはあるんですけど、どうでしょうか?

図表4　日本の樹種別・齢級別人工林面積

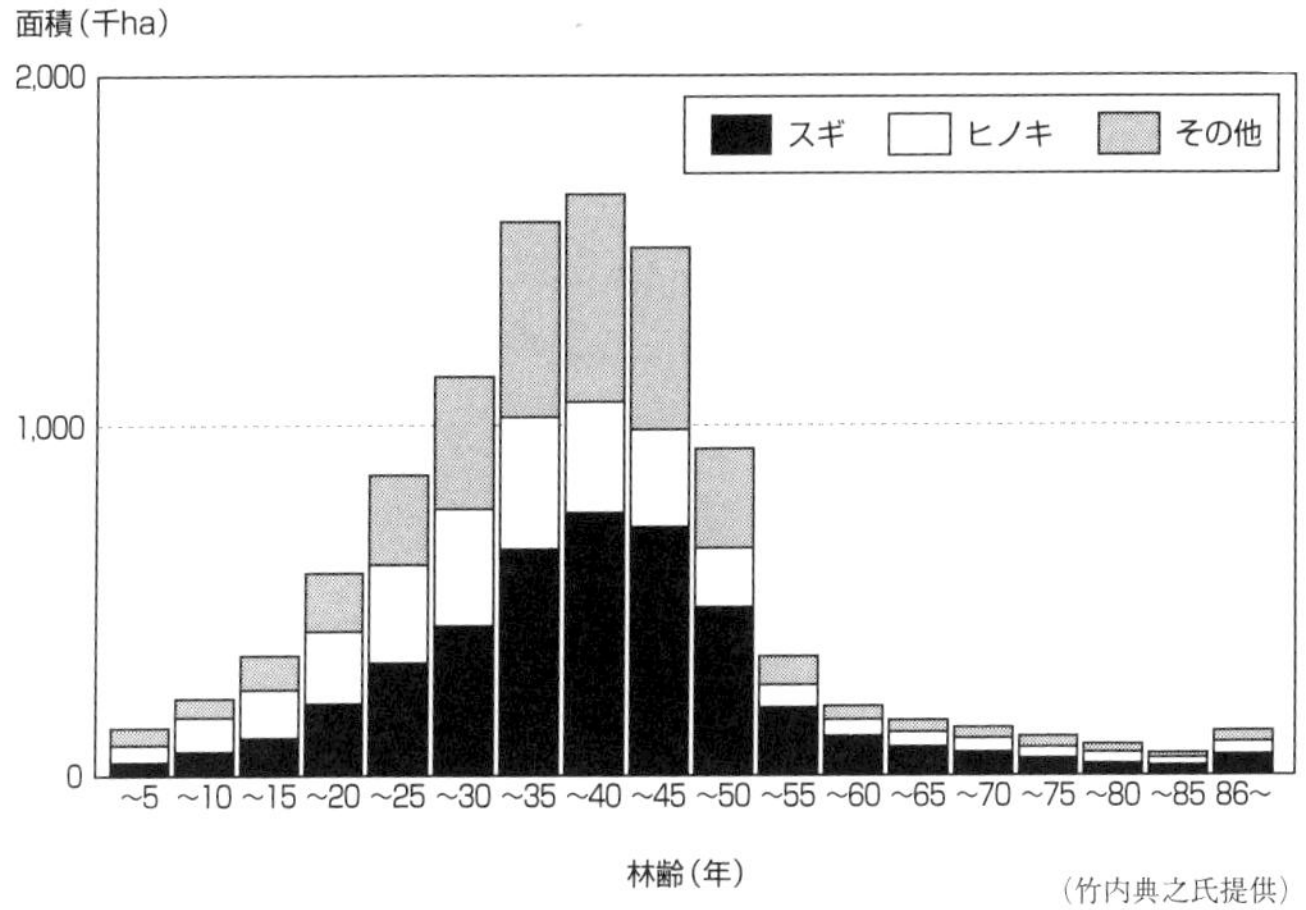

（竹内典之氏提供）

竹内　「大量に」という時に、間伐材が持続的に出ないとどうしようもありません。いま二五年生くらいから五〇年生くらいの木がすごく多いのですが、それがどんどん間伐されて、より高齢級の木にシフトしていった時に、次の間伐はいつなんやという話になりますよね。たとえばいま五〇年で間伐して、一〇年後に六〇年で間伐します。さらに七〇年生時に間伐しますといった時に、いまの五〇年生とは全く違った材が出るわけです。

天野　どんな材になるんですか？

竹内　どんどん太って、サイズの大きな木になってきます。そうなった時に、それなりの価格で取引きできるのかです。山から出ていけば、山は再造林とかいう形は可能になるんだろうけれども、そのへんの保障をどう取り付けていくか。

天野　その保障をキチンとするためにはどうすればいいんですか?

竹内　それなりの価値として使ってもらうことです。いろいろな使い方があると思うけれども、いまの間伐でも、大手のメーカーが欲しいのは建築材だけですよ。そのまわりの材をどう使うかという話はありません。そのへんのところをどう確保していくか、それがいま盛んにいわれている「木質バイオマス」だと思います。でも、バイオマスとして使う時に、本当にいまの日本で採算が取れるのかは、いまのところ私にはちょっと疑問です。

エネルギー問題を考え直すと〝山〟が見えてくる

天野　日本の電力で、自然エネルギーと原子力エネルギー、それから化石燃料の使い方をどうするのかという大元のところが、国民の大きな議論になっていませんね。私たち日本国民は、ヨーロッパの、自然エネルギーを重要視してきたこの数十年をまったく知りません。不勉強な自分たちがなさけないのですが……。そうした議論そのものが、ヨーロッパにあって日本にないですよね。

竹内　そうですね。いったい日本のエネルギーをどうするんやと。実は長い間、日本のエネルギーはほとんど薪と木炭やったわけですね、昭和三十年代の中ごろまでは。石油革命が起こって石油に切り替わったけれど、もう一度、薪や炭を新たなバイオマスとしてどう使うかというシステムを国民全体で考えるべきです。それが真剣になされれば、間伐材との関係も明確に見えてくるはずです。たとえばいま、私の研究室でも一生懸命計算していますが、バイオマスで発電する場合に、どれくらいの規模のものを設定するのが一番効率的かという話も何もわかっていません。確かに建築コストは発電量が大きくなればなるほど下がってきます。でも、それに要する燃料、原材料を供給しようと思うと、どんどん単価が上ってしまいます。そのへんのシミュレーションすら、いまの日本ではきちんとできてないのです。

天野　今日ここでは、これ以上はバイオマスについての議論を深めませんが、やはりバイオマスの使い方、バイオマスエネルギーの使い方と木材の使い方は、裏腹にあるというか、双子の課題ということですよね。

竹内　いま、不要材として捨てられている部分をもう一度ちゃんと使うのも、山に資金を戻すためには必要な課題だろうと思います。バブルの時代みたいに、丸太一本売ったら数日は遊んで暮せた時代は、もう二度と来ないだろうと思います。

根拠と方針がなかった林業政策

天野　人工林を間伐していって、間伐材の使い方をもっと賢くするというか、いろいろ広範に増

拡大造林、失敗したらまたこっちへ振るというのをくりかえしてきたのが、日本の林政やないかなと思います。

山の再生はモデルになる〝明るい森〟をつくることから

天野　どうすればいいんですか？

竹内　もう一度原点に戻って、森を保全するということは何をするんやというところから積み上げていく必要があります。複層林をやっても構わない。複層林はすごくカッコイイ。でも考えてみたら、一層ですらいまは間伐ができていません。複層林にしたら、上木も下木も両方とも間伐せないかんわけやから、できるわけがありません。それを一斉に拡げたら、また一段とひどいことになる。たとえばスギの下にスギを植えると、スギは耐陰性が極めて強いから、下に植えたスギはまずほとんど枯れません。そうすると、上の木を除いて下の木も密度管理して、しかも上の木を伐る時には、当然下の木に支障が出るし、そのへんの技術開発もいります。そのへんが何もできないままに走ってきてしまったのが、いまじゃないかと思います。

だからいまやるべきは、木の密度管理です。いまある林を思い切って間伐して、取り合えず〝明るい森〟にするというところから始めるしかありません。人工林でも二〇〇年生の森に行けば、下にはいろいろな木が生えてきてるし、ちゃんと土もあります。少々の災害でも崩れないできているわけで、そのへんまでやはり持っていくことをやるしかありません。森側からすれば、とにかくいかに間伐を進めるかです。間伐を進めるためには、何度もいっているように、間伐材を使うシステムをどうつくるかです。ポツポツとそうした小さいシステムができいますから、本当にそれらの組織が生き残れる社会システムをどうつくるかだろうと思います。「二十一世紀の木文化」をもう一度どうやってつくるか、ですね。

天野　私はまず、「大方針を出せ」ということだと思っています。ただし、その大方針づくりを林野庁は自分たちだけでやらないで――日本学術院会議などに聞いているのかもしれないけど――一緒に失敗してきた学者や、一番手厳しい学者を含めて、国民の議論にかける。

日本の森をどうするのかというのが、森里海の森と川と海のつながり、あるいは里をも入れた森川海のつらなりを直すのが大元であるとすれば、それはやはり国民議論にするべきだと思うんです。その国民議論の仕方として、私が何をやりたいかというと、「いまある一兆円か一兆何千億の借金をチャラにしましょう」という議論を展開する。そうすると、「そんなもん、なんで払うたらないかんねん！」と怒る人がいっぱい出てくると思うんです。その時に林野庁は逃げずに大きな議論にする、これがやはり一番手っ取り早いかなと思う。大論争を展開する。ジャーナリズムは必ず対応してくれるはずです。

竹内　少しずつ、市民社会ではわかってきてると思うんです。緑を育てる話をしても、実際そこで生活している人たちにはすぐわかる話になっているといった方がいいのかもしれません。少しずつ意識は持ってきていますから、そこに対して正しい情報をどう提供していくかが、とても大事だろうと思います。こうすれば少しは綺麗に、良くなるんですよという日本の森をどうつくっていくか。

天野　見本をつくるということですね。

竹内　モデルをつくっていく。それを一生懸命つくろうとしているのは、僕はニック、C・W・ニコルさんだろうと思います。人工林じゃないですが、最初にいった一八・七%もある淋しくなってしまった二次林を、そのまま置くんじゃなくて、できるだけ早く復元して元の森に近いような自然度の高い二次林に持って行こうという努力をしているのは、イギリスからやってきて日本人になってくれたニックくらいだろうと思います。

私と天野さんなら、高知なら高知のどこかで、これだけ間伐したらこんなによくなるんやというのを、見せないとどうしようもない。確かに雨が降ったらドッと水が出るけど、ちょっと天気が続いたら水が枯れてたというところに、間伐をしたら着実に水が戻ってきたというようなモデルをつくりましょう。

天野　林野庁も一緒に、どこかでそんな実験を「森里海連環学」として、やってみたいですね。

森林組合建て直しが〝日本林業再生〟のカギ

梶山恵司さん（富士通総研主任研究員）、
湯浅勲さん（日吉町森林組合参事）との鼎談

「富士通総研の梶山」と「日吉の湯浅」という二人の人物に共通するのは、どちらも、古くから林業に関わってきた経験があるわけではないが、短期間で日本の林業の問題点に気づき、解決への道をいま、提示していることだ。

第二次世界大戦後の日本林業が入り込んでしまった〝迷路〟は、その中にいる人たち自らの手では脱出の処方箋が書ききれなかった。私には、処方箋を書く能力のある研究者たちが「林野庁解体論」へ走ったことも一因だったような気がする。

林野庁が「〝新生産システム〟で林業を再生する」と張り切る中で、どこに日本林業の〝病理〟があったのかを三人で探ってみた。

なぜヨーロッパに学んだか

天野　日銀総裁の福井さんが富士通総研の理事長当時、経済同友会の環境委員長としてまとめられたものが、「森林再生とバイオマスエネルギー利用促進のための二十一世紀グリーンプラン」でした。もとは証券会社出身で欧州勤務のキャリアもあった梶山さんは、福井さんの求めで富士通総合研究所から経済同友会に出向し、フィンランドとオーストリアなどを視察して、「グリーンプラン」を中心になって作成されました。「グリーンプラン」をつくるためにヨーロッパに行かれて、最初に感じられたのはどんなことだったんでしょうか?

梶山　まず、なぜフィンランドとオーストリアを選んだかから話します。フィンランドは、森林組合があるので、所有形態が日本と似た状況にあるのではないかということで選びました。オーストリアは基本的にアルプス林業ですので地形が急峻です。そうした中で、なぜ林業が成立しているのかという視点でした。

フィンランドの所有形態は日本と似ていて、六割がサラリーマンや年金生活者で、基本的に所有者は林業経営の担い手とはなり得ない人たち。それをサポートする組織として森林組合がある。森林組合は非常にソフィスケイトされた組織で、そこが所有者に対するあらゆる林業のサービスを行っていました。

天野　「森林所有者連盟」というのが日本の森林組合に匹敵するわけですか?

梶山　そうです。向こうの森林組合は施業提案、施業アレンジ、木材販売など、所有者が本来やらなければならないこと全てを提案して、代行してくれる。基本的に所有者は林業のことを知らなくても、自分でできなくても、全て森林組合にお願いすればやってもらえるという仕組みをつくっています。

天野　民間所有者はサラリーマンや年金生活者が六二％ぐらいで、多くは不在者所有である。それを克服するシステムができているということですね。

梶山　そうです。

天野　行政である「フォレストリーセンター」がつくった〝長期森林管理計画〟についてお話しください。

梶山　〝長期森林管理計画〟は、個人所有林の計画を全てつくっています。個人所有林をデータベース化してあり、それを所有者が購入する。購入したデータベースを森林組合に預けるという形です。これによって情報が森林組合に集まってくるというやり方です。

天野　所有者は〝長期森林管理計画〟をどのように利用しているのですか？

梶山　ha当たり七ユーロで購入しています。しかも一〇年間ですから金額的にはそんなにたいしたことはないんですね。

天野　七ユーロといえば、一〇〇〇円ですから、一〇年に一度そういったデータを自分で購入しておいて、森林所有者連盟に委託していれば、それなりの森林管理もできるし収入も得られるということですね。それがフィンランドだった。

森のプロフェッショナル「フォレスター」

天野　オーストリアは？

梶山　日本ではよく、外材が入ってきたので日本の林業がダメになったといわれますけれども、オーストリアは東欧の真っ只中に位置しています。そして、一九八九年のベルリンの壁の崩壊により、森林資源が豊富な東欧から材が大量に入って来る状況になった。それでもオーストリア林業はビクともしていない。健全な林業が行われているのです。

そこで、地形が急峻であるにも係わらずなぜ健全なのか、を見に行ったわけですけれども、基本的には競争のある中でやるべきことはやっているという、それに尽きます。

日本と違うのは、山ができあがっていて、基本的に一定の径級以上の材を伐採して利用するというやり方が確立しているということですね。

天野　オーストリアとフィンランドとの違いは、オーストリアには〝森の農民〟、つまり林家農家が健在だということでしょうか？

梶山　両国で所有者の特徴は大きく異なります。フィンランドの場合は、基本的に所有者は林業経営の担い手となり得ない人たち。オーストリアの場合は、いわゆる農家林家で、複合経営です。自分たちで森の近くに住んで実際に自分で伐採したり、林業経営を行うと同時に、ペンション経営をしたり農業をやったりして、その地域に住んでる人たちが中心です。

天野　国家資格制度として「フォレスター（森林管理官）」制度があって、小規模所有と大規模所有ではフォレスターの使われ方が違うと聞いていますけれども？

梶山　大規模所有者にはフォレスターの採用が義務付けられています。フォレスターといっても二つあって、一つはウィーン農林大学という、オーストリアの林学の最高学府出身者で、大規模所有者はそちらを採用する。中規模の所は、普通の大学の林学の出身のフォレスターを使うという制度です。小規模所有者に対しては農村会議所に所属するフォレスターがいて、アドバイスを行っています。

ですから、全ての森にプロフェッショナルがついているということになりますね。

天野　オーストリアでは小規模森林所有者が農家林家としてやっているというところが、フィンランドとの違いですね？

梶山　はい。

天野　梶山さんは講演会などでよく、「日本の森林組合は、フォレスターの役割を担うべきだ」とおっしゃっています。また、ドイツでは州政府に所属するフォレスターが地域に駐在していて、一人当たり一〇〇〇～一五〇〇haの担当区域のコンサルタントと監視をしていると書かれています。ドイツとオーストリアの「フォレスター」の違いはどこにありますか。

梶山　基本的に大きな違いはないと思います。みんなプロフェッショナルで、その地域に根ざしてずっと森づくりや木材販売に対するアドバイスをやっている人たちです。違うとすれば、ドイツの場合は行政組織として、行政官として、自分たちのいわゆる国有林及び民間の所有者に対して、アドバイスサービスを行っているというところです。

天野　ドイツではフォレスターは行政機関に属する公務員だということですね。こういう制度は、ドイツでもオーストリアでもあるのでしょうか。

梶山　オーストリアでは農林会議所に所属するフォレスターですから、基本的には民間組織です。

ヨーロッパでは〝生産性〟と〝森がどうあるべきか〟が両立している

天野　梶山さんの講演などにはもう一つ、「生産性」というキーワードが出てくるんですけれども、生産性についてはどうだったのでしょうか？

梶山　基本的に、林業が産業として成立しています。日本と変わらない、もしくはそれ以上の賃金コスト、木材価格で成立するシステムができあがっていますから、日本とは比較にならない生産性です。

天野　帰国後まとめられた最初の論文「小規模所有と大規模需要をつなぐフィンランド、オーストリア林業」の中では、欧州林業先進国では近代林業を支える総合的なシステムを構築することによって、効率的な――「効率的な」というのが重要だと思いますが、木材産業すなわち〝生産〟と、〝森林の多様的機能〟を両立させることに成功していると書かれています。

他のところでも梶山さんは、「欧州林業先進国では、林業が成り立つことが良い森づくりの前提であるとの信念に基づいて森づくりがされている」「それに比べて日本では、林業イコール皆伐による木材生産であり、これが経営的に成立しない」と書かれていますね。

林業の採算性を追求すれば自ずと長伐期になり、環境的視点でも誇り高い〝森づくり〟がされているのがヨーロッパ。そこが日本との決定的な違いですね。

日吉町森林組合の改革

天野　湯浅さんは一九八七年、三五歳の時にいきなり林業に転職して、日吉町森林組合に入ってしばらくした時に、「これは大正時代やないか」と思ったそうですけれども、どういうことでしょうか？　日吉は故郷なので、森林や地球環境についても考えて何かできるかなぁと思って森林組合に入ったわけですよね？

湯浅　まさしく「大正時代」でした。人事管理の仕方から、使こてる道具から考え方から発想の

図表5　森林組合数の推移

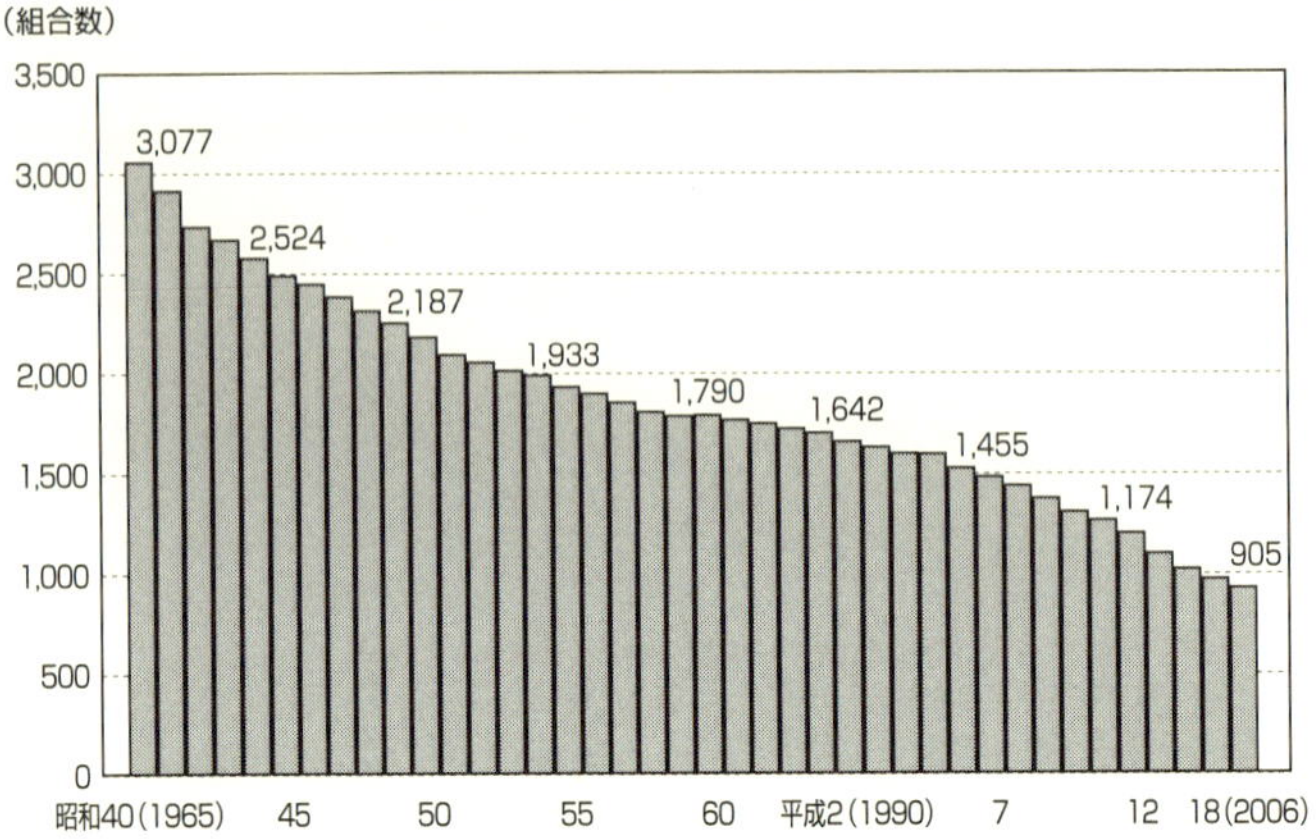

資料：林野庁「森林組合統計」　注：森林組合数は、各年度末で設立されている組合数。

持って行き方、全て大正時代です。近代の仕事になってないと思いました。

天野　梶山さん、それはなぜだと思いますか？

梶山　結局は、なにも努力しなくて食べていけたのが大きいんですよね。森林組合の本来の機能は、所有者に対するアドバイスを通じて地域の民有林を適切に管理していく、その担い手です。けれども、それをやらなくても公共事業が来て、口を開けていれば餌を投げ込んでもらえた。何も考えない、何も努力をしなくても食べていけた。だから、完全に思考停止になってしまった。

天野　公共事業とは？

梶山　いわゆる公社・公団事業プラス保安林制度や補助金で行われる事業など、基本的にはいろいろな補助金政策です。補助金によって何とかしようというのは、林業に限らず日本の行政政策の全てがそうだと思います。しかし、本当に必要なのは、補助金よりも自立できるための包括的なサポートの仕組みで、それがあって初めて補助金も生きるはずですが、お金をつけて何とかしようというのが、いままでの日本の政策でした。

しかしいまや、それが完全に破綻した。その最たる例が森林組合行政だということではないかと思います。

天野　たとえばドイツやイギリスなどでも「条件不利地域」という言葉がありますね。ヨーロッパでは林業の中にも、そういった不利地域で自ら努力をするような仕組みがきちんとできていて、そこが日本との最も違うところだということでしょうか?

梶山　ええ、ヨーロッパの場合は補助金の額は微々たるものです。基本的には造林と路網整備に補助金が若干つきますが、日本と比較したら信じられないぐらい少ない額です。林業経営者、所有者も自分で努力しなければやっていけないから、ドイツ、オーストリアの森林所有者の話を聞くと、非常に自立意識が高い。要するに自分で努力しなければやっていけないところが日本とは全く違います。

ただ、ここで補足しなければいけない重要な点は、ドイツもオーストリアも森づくりは終わっているということです。つまり、更新したばかりの木から、百数十年に到った木がすでに存在しているわけです。そうした中で、五〇年以上の木を伐採して使うという仕組みがきちんとできあがっているのが、日本とは違うところです。日本の場合は五〇年以下の木がほとんどですから、その点では「日本の林業はこれからだ」といえるでしょう。

天野　湯浅さんは、大正時代と思われた森林組合を、どうしたらいいと思ったのですか？

湯浅　まずは見本をつくろうと。自分たちだけでもピシッとして、いい見本になれば真似するところも出てくるだろうと。

天野　そこで、まず何をしようと思ったんですか？

湯浅　作業班という制度が、日本の森林組合にはあります。まずそれを全部職員化しました。月給制にして一人ひとりがプロになろう、働く意欲が出てくるような組織づくりに着手しました。そして「森林所有者とりまとめ」「作業道」「高性能機械」に取り組みました（90頁参照）。

林業再生への最後のチャンス

天野　梶山さんは、「向こう一〇年までで人工林の間伐作業を終了している必要がある。これを終了していれば、後は自ずと林業が成立するようになる。反対に、これに失敗すると資源として無価値になり、戦後植林した苦労が水泡になるのみならず、森林崩壊の危険性が大幅に増す。森林面積に占める人工林がこうした状況に陥れば、水土保全、水産資源保全、水源の涵養等の機能が大きく損なわれるのみならず、その復旧には巨額の経費が必要である。これからの一〇年が非常

図表6　林業就業者数の推移と高齢化

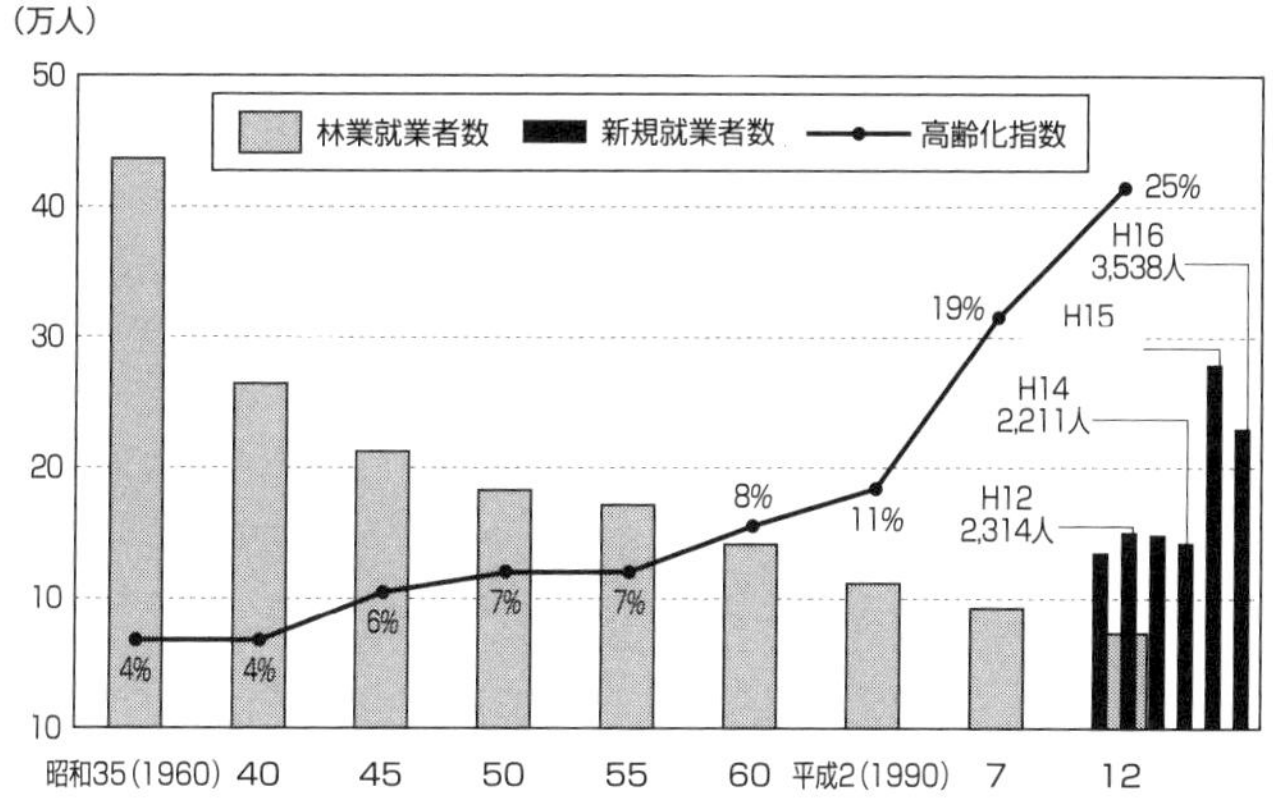

資料：新規就業者数及び高齢化指数＝総務省「国勢調査」、新規就業者数＝「林野庁業務資料」(平成6年以降隔年調査)　注：高齢化指数は、総数に占める65歳以上の比率

に重要だ」と書かれています。

私は実は、一〇年というよりも五年ぐらいかなぁと思っています。というのは、私は一九歳の時から五三歳のいままでずっと日本の川を年間一〇〇日ぐらい歩いて川を見てきたんですけど、片方の目では森を見ていたと自負しています。

わが国では、これまでは中山村過疎地域で農業をやる人が森林の面倒を見てきましたが、ドイツやオーストリアでいう農家林家〝森の農民〟が、日本では若い人でももう六五歳ぐらいになってきていると思います。そこにたとえば、Iターンやリターンで林業に入ってくれる人たちを届けるには、あと五年以内でないと間に合わない。ゆっくりしてなどいられない。

湯浅さんのところの成功事例を五年間ぐらい

で全国に普及しようと思ったらどうしたらいいでしょうか?

湯浅　梶山さんから一〇年という話が出ましたが、一〇年後で突然ドアが閉まるようにバタンと閉まるわけじゃない。歯が抜け落ちるように一本、また一本って抜け落ちて、一〇年経ったらもうガタガタになっているという状況だと思います。天野さんがおっしゃった五年というのも、三本抜けたら「アッ、ヤバい」と思うのか、五本抜けたらヤバいと思うのかの問題であって、私はいま、早急に全国一斉にバッとやることができなきゃどうしようもないと思っています。

ただ、梶山さんが書かれていることと最近出てきた状況で違ってきたのは、〝川下（森を最上流の川上と考えて、川下は材の出口）〟ですね。中国の経済発展が思った以上に進んで、木材が中国に行くということで、川下が変わって来た。これは日本にとってチャンスですが、実は「最後のチャンス」です。この期間を伸ばすことができれば、日本の森林も林業も森林環境を含めて危機はなくなると思います。ですから、もう「五年」「一〇年」とはいわずに、いま大急ぎで、猛スピードで走り出さなければどうしようもない。

それではどうしたらいいかというのは、私が森林組合改革に係わってからずっと考え続けてきたことですけれども、やはり「スクラップ・アンド・ビルド」しかないかと。努力しないところはつぶれても仕方ない。〝努力をすれば生き残れる〟をキーワードにする。そうすると、やはり公共事業をやめるべきです。そして「組合はちゃんと森林管理をすれば経営がうまくいく」というようなことをわからせる。それが一番早いと思います。

天野　やめるべき公共事業とはどういうものですか？

湯浅　たとえば治山事業は、民間事業体にまかせて、森林組合はその地域の総合的な森林管理をきちんとしなければ経営がやっていけないような環境をつくるしかない。そうすれば、否が応にもやらなきゃしょうがない。その時に、機械を買う時は補助金を出しますとか、人材育成はキチッと協力しますとか、経理のやり方も具体的な指導をしますとか、確たる受け皿を行政がつくっておく。

問題は、そこにほとんどの行政が気づいてないことです。森林組合に大きな影響を持つ都道府県の担当レベルは気づき始めたところもあるようですけど、まだ気づいてない所がほとんど。

「新流通システム」と「新生産システム」の危うさ？

天野　ところで、林野庁の「新流通システム」「新生産システム」には梶山さんもいろいろ助言してこられた。「新流通システム」は、いままで使えてこなかった曲がり材を使えるシステムという位置づけで林野庁は考えているようです。この二つのメニューが出てきたことが、私は一つのきっかけになって林業にようやく新たな展開が生まれようとしているように見えるのですが、いかがでしょうか？

梶山　「新流通システム」は、確かに新しい需要をつくるという点では貢献したと思いますけれども、半面、林業に大変なしわ寄せがきています。というのは、需要が急に単純に拡大すると、皆伐で木を出すということが当たり前のように行なわれてしまって、その結果、禿山《はげやま》がどんどん拡大していることです。皆伐のあと植林されていないのが、九州、北海道、東北でどんどん広がっています。林業はトータルできちんと回るシステムをつくっていかなければなりません。国産材需要が出てきたことは明らかにプラスですけれども、それに応える林業としてきちんとした仕組みも急ぎつくっていかなければ、林業は本当にダメになってしまうということです。

皆伐跡地に再造林しないというのは、林業先進国の法律では許されません。林業先進国では全て伐採したあとは、再造林が当然のように義務付けられているわけです。それでなかったら林業というのは成立しません。

日本の国内法に照らせば完全には違法伐採にはならないかもしれませんけれども、世界の基準からすれば明らかに「違法伐採」です。にも係わらず、日本が他の国に「違法伐採」を叫んでいるのは、鏡に向った自分に石を投げるのと同じ行為です。

先進国では、林業は産業として成立しています。たとえば北欧では皆伐方式でも木材生産しますけれども、小面積にしたり、天然で出てきている後継樹をできるだけ残すような形で伐採したりしています。ドイツ、オーストリアでは〇・五ha以上の皆伐は許可制で、二ha以上の皆伐は禁止ときちんと法律で規定されています。日本もはっきりとそうした「先進国並み」の法律を制定すべきであるということ。もう一つはそれができるためには、「間伐によって材がきちんと出てくる」制度をつくらないと、拡大する木材需要に応えられないということ。そのためには、従来とは全く異なる新しいシステムを急いでつくっていかなければダメです。

現代林業は機械を利用しなければ成立しませんから、それには「道」と、安定した事業量の確保が不可欠です。道を入れるには、日本の森林所有形態は小規模なので小規模所有者をまとめて説得していかなければならない。これらをトータルでやらないと林業は成立しないし、顕在化する木材需要に応えられない。

ですから、これから日本で林業がきちんと成立して、山も整備されていくかどうかは、そうした新しい林業のシステムを構築できるかどうかにかかっていて、そのための一つのきっかけに「新生産システム」はなるとは思います。けれども、それだけで十分かというと、多分そうではない。

天野　先ほど「新流通」から入って最後に「新生産」というキーワードが出てきたんですけれども、「新流通」と「新生産」の違いはどこにあるんでしょうか?

梶山　「新流通システム」は、主に木材利用の拡大です。いままでなら国産材は、柱利用がほとんどでしたが、国産材利用を拡大するには、集成材や合板での利用を促進していくことも必要です。曲がり材でも使える需要を創出していこうということだと思います。
一方の「新生産システム」は木材供給サイドである林業そのものをきちんと再生させて材を安定的に供給できる仕組みをつくっていく、それをサポートしようとするシステムです。

天野　私は、高知で梶山さんがコンサルをされている新生産システムの「高知中央・東部」委員会に所属していて、アドバイザーという肩書きで、役目は梶山さんの思っていることを山の皆さんに伝えることをしています（笑）。「新生産システム」は五年間で、まずコンサルをつけ、自分たちがつくった計画をたたきにたたいて、途中で少々変更してもいいからやってみなさいということですよね。半分進んだところで一回点検をしますという今回のシステムは、うまく使うと非常にうまくいくかもしれない。

いってみれば、林業を再構築していくことに対しては役に立つと思いますが、実際はどの知事もこの制度を詳しく勉強していない。県の森林局の人でも「新生産システム」があることすら知らない人もいるし、有効なシステムであると手を挙げようとするところも少なかった。全国で一八ぐらいが手を挙げて一一が採用されましたが、これでは林業が再構築されるには力不足ですね。ここが「始まりの始まり」で、キッカケにすぎないですね。

〝経営〟のなかった森林組合

湯浅　梶山さんを手伝って各地の「新生産システム」に係わる人を見てて気になるのは、皆さん両目とも今年の事業のこの一〇〇〇万円なら一〇〇〇万円だけを見ている。これをやったら、来年その倍の量にしなきゃいけない。そうすると儲かっているところは、来年どうしよう、どんな機械を買おう。再来年になったら、三倍にして、これを一つの事業の基幹にしていこうという意識がある感じがしない。そういう声も聞こえてこない。「取り合えずいまこれを」というだけなんです。これではしょうがないなぁと思います。

目的はやはり、来年どうする、再来年どうする、じゃあ五年後にこれを事業を拡大して地域森林管理をやってくれるようにつなげていく。そして川下へきちっとした材を安定供給していくんだという、そういう大きな流れがあって、今年一〇〇〇万円もらってこんな実験をするんだと、そういう話であるはずなんです。でも、それはない。

天野　湯浅さんの日吉町森林組合に私はこの一か月の間に三回行っていますが、一人ひとりの職員が、自分たちが何かできると信じてるというところがいいと思うんです。湯浅さんのようにまったく林業を知らないところから出発しても、努力して最初一〇年ぐらいで基礎をつくり、二〇年たったいまでは日本の最先端のモデルになれるような改革ができている。だから、日吉で職員が自発的に動いているような状況は、やる気さえあれば一〇年でもできるんじゃないかなと思うんです。

湯浅さん、どういうきっかけがあればいいのですか?

湯浅　「大正時代」をやめることですね。

天野　う〜ん……（笑）。

梶山　変えること自体は理論的にはそんなに難しい話じゃない。経営のわかるきちんとした経歴の人が来て、抜本的に改革すれば済みます。

天野　いままで、森林組合を点検する人がいなかったことが問題だということですか?

梶山　森林組合がずっと脳死状態で来たから、経営を考える人がいなかったということです。

天野　そんな日本でも、梶山さんは諦めずに、「日本の林業の再構築には森林組合の抜本改革しかない」と?

梶山　ないですね。

天野　森林組合を潰すわけにもいかないし、あるんだから機能させるということですか?

梶山　日本には他に手段はない。森林組合は圧倒的な組織力を持っています。日本の林業従事者に占める比率は、圧倒的に森林組合です。それに、施業集約化は森林組合以外には困難です。ですから、ここが実際に担い手として機能しない限り、どうしようもないわけです。森林組合に立ち直ってもらうしか本当に方法がない。

ある程度希望が持てるのは、予算の制約から、森林組合の経営状況が厳しくなってきていて、改革の努力をしようとする森林組合がちらほら出てきているということです。ですからいま、最も必要なのは、そういう森林組合を発掘してきちんとしたサポートをすることによって、本当にやればできるんだという事例をつくっていくことです。

その最初の事例が天野さんがレポートしてくれた富士（144頁参照）ですが、富士一ヶ所では不十分です。「あそこは傾斜が緩くて条件がいいからだ」と言い訳をして、みんな逃げちゃう。でも、他の地域で事例がもう一つできれば、それなりにまた説得力になる。三つできれば言い訳ができなくなる。自分でもやってみようかなというところも増えてくる。五つになればあとはかなりの〝うねり〟になるんだろうと思っています。

ですからいまは、全く普通の組合だったところがサポートを受けて立ち直る、という事例を五つつくることを優先する。そうすれば、相当変わってくるんだろうと思います。

森林組合が立ち直るサポートシステム

天野　いま、梶山さんは、各地でどういうサポートをしているのですか？
梶山　やはりまずは経営そのもの。それから技術力。林業の担い手となるには、まず所有者に働きかけるという経営の努力が必要です。それにやはり間伐の方法。道をどうやってつくるのか。機械をどうやって使うのか。

もう一つは、林業は基本的に社会的なシステムがあって初めて機能する産業であり、森林組合や民間事業体などの個々のプレーヤーの努力だけで成立するものではない。インフラが非常に重要な産業なのに、日本にはそれがいままでほとんどなかった。それをこれからトータルでつくっていかなければならない。その象徴が、森林組合の改革です。森林組合の改革はただ単に一つこれをやれば企業経営としてうまくいくということではなく、企業経営できるにはさまざまな要件が必要で、それをサポートするにはやはり社会的な仕組みが必要です。

天野　直接的にサポートするのは県でしょうか?

梶山　行政のサポートは必要不可欠です。いうなれば、日本の林業は産業として成立する以前の段階です。たとえていえば、ちょうど明治維新直後みたいな状況ですよ。そういう点では行政のサポートは必要不可欠です。ただ、それだけでいいかっていうと、そうではなくて研究者のサポートも不可欠です。森づくりとか機械の使い方とか等々でやはり専門的な知識がこれから必要になってきます。木材販売をどう展開するかといったことも係わってきます。それには民間の経営センスも不可欠です。だから、別に行政だけではない。トータルでサポートできるような〝仕組み〟が必要なのです。

いうなれば、「新生産システム」が狙ったのはそこのはずです。だから、林業のこうした基本的な問題点を適確に認識した人が「新生産システム」のコアにいなければうまくいきません。

林野庁も本気になってやってみよ

湯浅　山をやっている人たちは、林野庁のことをあまり信用してないということがある。いままで、きちっとした裏づけがあって戦略を練って、一〇年後はこうする、二〇年後にはこうするという筋道の上に行政が行われていれば信用されていたと思う。ところが「植えよ」といったら、一斉に植えよ。「間伐」といったら間伐と、あっちこっちにコロコロ変わってきた。そもそも、もともとの戦略があるのだろうか。林業者には「どうせまた変わるやろ」という気持ちがあると思います。

変わるにしても、きちんとした理論構築がされてないから、「林野庁がまた何かいうてる」と思われてきたのかもしれません。「ああいうてる、そやけどまた来年変わるやろ」ということで、あまり本気で相手にされてないんです。たとえば「緊急間伐」というのがあります。本気で間伐するなら、一〇〇万ha単位でやらなきゃいけないのに、二五万haとかでしょう。本気で間伐しようとしているとは思えない。

天野　林野庁は、長伐期なら長伐期、複層林なら複層林と大方針を出してみたらいいと思う。そして「皆伐は一切やめさせます、その代りに最初の一〇年でこうやります」と。梶山さんの「二十一世紀のグリーンプラン」を日本全国で本気でやってみるということを、林野庁がやってみればいいんじゃない。

梶山　いままで日本の行政が、そうした確固たるビジョンを示してやってきた部分ってありますか？　それは基本的に行政というよりは、政治の話です。先進国の場合はきちんと政権交代を行って、そこでビジョンを発表するわけです。行政は執行機関です。

ところが日本の場合は、そこが極めて曖昧で、政権交代がないから全部自分たちで責任取らなければならないということで、結局「行政の無謬《むびょう》性」というわけのわからないことになってしまった。そうすると極端に「これだ」というビジョンは出せない。ですから、現実には、現場でまずは実績をつくってやっていくしかないと思う。

〝ピンチ〟と〝チャンス〟が同時にやってきた

湯浅　森林問題は、日本の縮図のような問題です。日本の縮図が森林問題かなと感じて、僕は最近とても意を強くしてます。もう一つは、いま〝ピンチ〟と〝チャンス〟が同居して両方やってきているということです。だから、いま、全力疾走しないとどうしようもない。今後一〇年という話がありましたけれど、二〇年は待てない。できることをいま、全力でやるしかしょうがない。で、やる気のある人をいかに増やすかということじゃないでしょうか。

梶山　林業は、日本が二十一世紀の新しい「社会システム」を構築できるかどうかの試金石です。

というのは、林業では、収入を得て生活できるのは、父親、おじいさんが植えてくれた木のお陰です。いま植えるのは、自分のためではなくて、子や孫のための行為です。そうやって継続していかないと林業というのは成立しない。まさに「持続可能な社会構築」の象徴なのです。

もう一ついいたいのは、林業は、システムがなければ成立しない産業だということです。それぞれの個別の企業が新しい商品開発をして、それによって企業を支えるということはあり得ない。それ本当に基本的な社会のシステム、林業を支えるシステムがあって、それで初めて産業として成立する。反面、システムが成立してしまえば、林業はそんなに難しい産業ではありません。けれども、そういうシステムの構築は日本が最も不得意とする分野なのです。

二十一世紀の日本の我々には、そういうきちんとした「社会システム」がつくれるかどうかがまさに問われています。そういう点では、日本で林業がある程度成立できるようになるかどうかということに、個人的に大変興味があります。

富士を背負った〝壮大なる実験〟

「富士森林再生プロジェクト」レポート

「富士の裾野で〝宝の山〟を見た」と、日吉町森林組合参事の湯浅勲氏は、この地を初めて訪れた際にのたまわれたそうだ。

私も初めて訪れた時、スウェーデンで見た平地林業のような印象をまず受けた。この地で、富士通総研の梶山恵司主任研究員、元・東大教授で現在は「森林環境研究所」の渡邊定元先生、富士森林組合、静岡県環境森林部などが展開してきた、〝日本林業よみがえりのための実験〟を紹介する。

理論を実践へ

経済同友会の「森林再生とバイオマスエネルギーの利用促進のための二十一世紀グリーンプラン」の発表後、梶山さんの研究レポートは、二〇〇五年二月に「ドイツとの比較分析による日本林業、木材産業再生論」が、同年十月には「木材産業クラスターに関する日独比較」と続く。二〇〇三年の経済同友会の「グリーンプラン」には三〇年計画が提言されており、最初の一〇年では「人工林すべてを公的資金で間伐する。同時に森林組合の改革に着手する。並行して路網整備を行う。森林の境界確定、森林データベース構築、研究、教育、研修機関の拡充を図る」とされている。そしてこれらには前提として「所有者に対する皆伐停止と間伐の義務付け措置の導入」が付加されていた。

「グリーンプラン」での提言どおりに、人工林を間伐し、日本林業を再生させるために森林組合を活性化させる実験を日本のどこかで実際にやってみたくなった梶山さんは、富士の裾野で、東京大学を退官された「渡邊先生」が、補助金に頼らないで、おもしろい実験をしていると耳にした。

渡邊定元さんは、一九三四年生まれ、北海道大学卒。一九八五年までは林野庁に勤められ、東京大学には一九九四年まで。退官後は三重大学、立正大学へ行かれた。永年、林野庁に様々な政策や法律の提言をされてこられた方で、日本林学会賞を受賞された「樹木社会学」や「防災水源涵養路網」、「列状間伐の生態学」、「中層間伐」についての論文が知られる。

〝宝の山〟と湯浅さんが表現した、富士山麓のヒノキ人工林だが、自宅富士宮市近くの無間伐の暗い林床で、根元まで浸食され主根が洗い出されている林分に渡邊先生が出会われたのは一九九五年。土壌の表層が流れて保水力の無くなった森林は、豪雨によって土壌浸食を起こしていた。

以来この地で、たった三人で、補助金に頼らなくても「食ってゆける」施業ができることを証明しながら、多様性の調査をして、地元のために「一〇〇年のちの森林管理」ができ、防災と水源涵養を兼ねた森づくりをと、十数年取り組まれていたのだ。

日本林業再生にむけた新しいシステムをつくる

その渡邊先生と梶山さんを中心として、「富士森林再生プロジェクト」と名付けられた実験が本格的に活動し始めたのは、二〇〇四年六月の「全体会議」から。まず次頁の図のような取り決めについて議論し、八月には京都府日吉町森林組合に、富士森林組合職員、静岡県森林組合連合会、全国森林組合連合会、富士森林事務所、農林中央金庫などがおしかけて、一週間もの現地研修をさせてもらった。林分調査実施研修、作業現場視察、日吉町森林組合職員との意見交換で、小規模森林所有者の取りまとめのノウハウや、施業のあり方や、地域森林管理の担い手である森林組合の経営など、多岐に渡たる学習だった。

県は、富士の裾野の様々な組合に実際は声を掛けたのだが、みんな尻込みをした。しかし、富士森林組合がそれを断らなかったのは、地元に住む「渡邊先生」がやっておられることの〝尊さ〟を、森林に生きるものとして理解していたからだろう。数か月間の組合の中の議論の末にひきうけて動き出したのだった。

様々な論文で梶山さんが示してきたように、日欧を比較すると、一日一人当たりの生産性が格

図表7　富士森林再生プロジェクト

趣　旨

- 地域森林組合が中心となって、森林情報・所有者情報を総合的に整理・分析したうえで、所有者にコンサルティングを実施し、区域所有をとりまとめ、効率的・合理的に森林整備を推進する体制を構築する。
- 森林組合を軸に、川上から川下まで真に連携できる体制を構築し、この事業で産出される材を可能なかぎり域内利用する。
- 森林組合がこうした事業の中核的担い手となるよう、研究者、先進事例先導者など、民間・行政が当該森林組合をサポートし、コンサルティング能力、施業技術能力、調整能力などの向上を図る。
- プロセス並びに成果をひろく公開し、問題点をふくめて、関心をよせるすべての人々の積極的検討に供する。

関係者

森林組合関係	富士森林組合 静岡県森林組合連合会 全国森林組合連合会 京都府日吉町森林組合	プロジェクト実施主体 実行サポート、県内普及の担い手 全国普及の担い手、事務局 プロジェクトサポート
研究者	渡邊定元（元東京大学教授） 静岡県林業技術センター 静岡大学 東京大学 独立行政法人研究機関	
行政	富士宮市、芝川町 静岡県、県富士農林事務所 林野庁	実行サポート、広報 後援、実行サポート、県事務局 協力
民間	農林中央金庫 NPO法人穂の国森づくりの会 第一プランニングセンター 富士通総研	事務局 広報 広報 プロジェクト取りまとめ

段に低い日本林業の実態が浮かび上がる。

日本の山元のどこにでもある「森林組合」が、本来の使命を果たしていないことは明らか。それならば、やる気のある森林組合を選んで、そこが補助金なしで食ってゆけるか実験してみようという壮大な〝試み〟なのである。

実験結果の分析や研究を、渡邊先生をはじめ、静岡大学の近藤忠市助教授、東京大学の仁多見俊夫助教授、静岡県林業技術センターの佐々木重樹副主任らで担当し、目標とする「日本林業再生に向けての新システムの構築」をめざしている。

高密度作業路網の開設。小規模森林所有者の取りまとめ。高性能機械の採用。列状間伐。

二〇〇六年、林野庁が全国一一ヶ所で採択した「新生産システム」でも、ほとんどの申請書にはこれらのキーワードが並んでいる。

「森林組合」という、山元で森の資料を握っている「フォレスター」が本来の仕事をきちんとすれば、日本林業のいまの〝現状〟はあり得ないはずだという梶山理論。

富士山という、世界で知らない人のいない名の森での「日本林業の再生へ向けて」、〝腕っこき〟が勢揃いしての実験が、このように林野庁の「新生産システム」よりもずっと以前から行われていたのであった。

忘れちゃいけない、小さな工務店の力

小池一三さん（「近くの山の木で家をつくる」運動宣言起草者）に訊く

屋根で集熱し、その太陽エネルギーを床下で蓄熱して建築の仕組みに応用するという、建築家・奥村昭雄氏の技術を広めようと、二〇年前に「ＯＭソーラー協会」を組織した人物は、全国三三〇の工務店を主導し、これまで二万戸を超えるＯＭソーラーの家を建て、「パッシブ・ソーラー」と呼ばれるこの分野では世界一の普及を実現した。そして、七年前からは「近くの山の木で家をつくる」運動も提唱してきた。その小池氏の「新生産システム」への感想は。

〝時代〟をつくった「近くの山の木で家をつくる」運動

天野　小池さんは「ＯＭソーラー協会」を二〇年やってこられましたが、今年からＯＭの理事長職もひかれて、小池創作所所長になられて、次の新しい二〇年を考えていらっしゃると思います（笑）。まず、近くの山の木で家をつくる、いわゆる「近山」運動について聞かせてください。

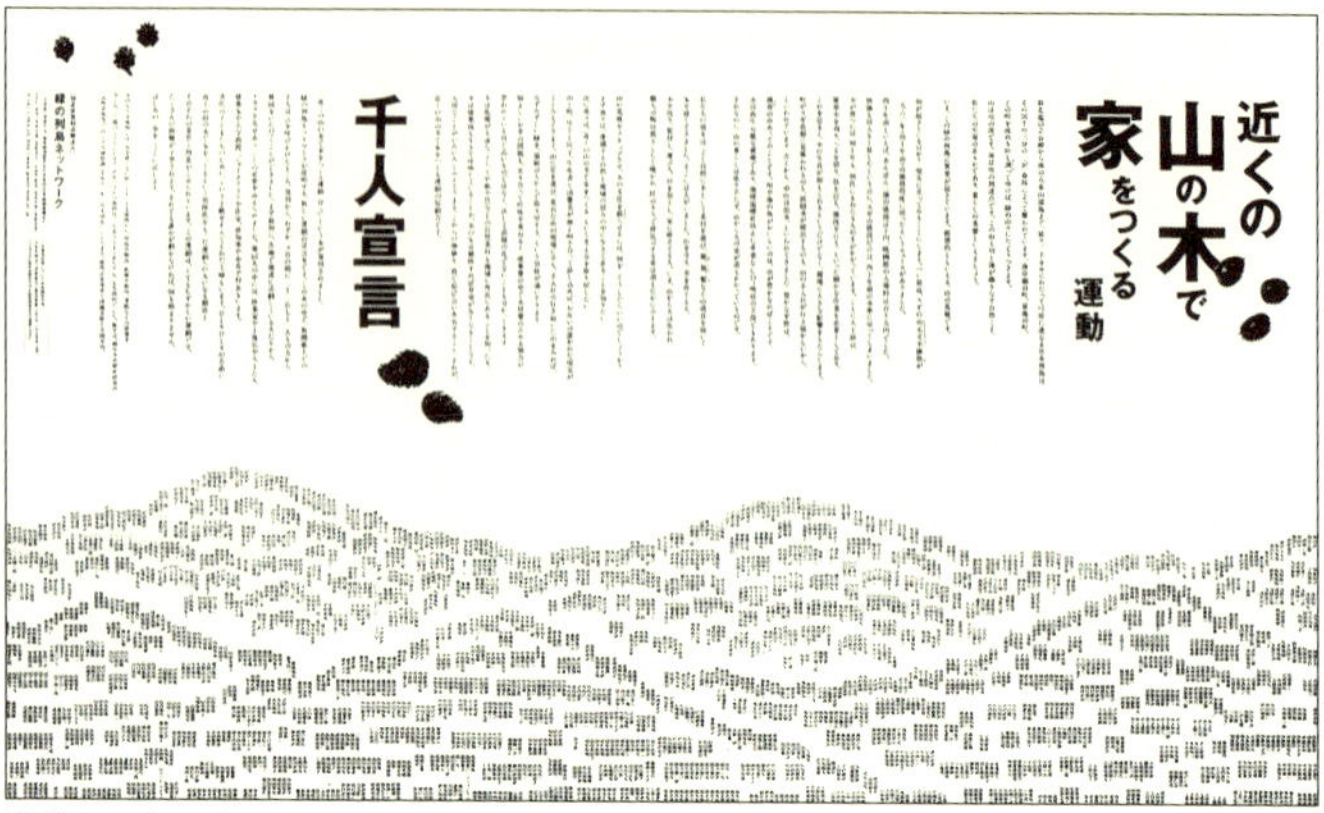

「近くの山の木で家をつくる」運動の新聞広告

小池　二〇〇〇年に「近くの山の木で家をつくる」運動という取り組みの宣言書をまとめましたところ、こういう類いの本にしては珍しく三万部も求める人がいました。

天野　ニュースキャスターの筑紫哲也さんとか、いろいろな人も賛同をしました。

小池　計一八〇〇〇人の署名を得て、元旦に朝日新聞に二ページの大きな意見広告を出しました。

　それまで他の運動の書き手は、どちらかというと山側から町に対しての呼びかけだったけれども、町の側が近くの山の木で家をつくるといい出したのは初めてだったんじゃないかと思うのです。

「町の側」というのは、日本の場合、大きな町には必ずほとんどといっていいぐらい川が流れていて、その川を遡っていくと山がある。だから川は、山と町をつなぐ役割を持っているんですけれども、そういう町や山ということを、単に材料を安く買うというんではなくて、〝山の文化〟ということを含めて、町の側が山のことに関心を持ち出した、その始まりでもあったんじゃないかなという感じがするんです。

それに火をつけたのかどうかわかりませんが、その後「木の家ブーム」が起こり、ハウス雑誌もどんどん木の家を取り上げるようになるわけです。それまでのいわゆる在来木造という言い方でない「木の家」、「木のテイスト」というものをキチッと家の中に巧みに取り入れて設計的にも表現している。そういう木の家づくりが建築家の努力もあるし工務店の努力もあって生まれてきた。工務店史を振り返ると、僕は、「近山」以前と「近山」以降に分けることができるんじゃないかと思います。「近山」以前の日本の木造住宅と「近山」以降の木の家というような括り方でいうと、明らかにエポックな事実というか、一つのターニングポイントになったのではないか。そういう画期的な意味を、「近山」運動は持っていたと思っています。

「近山」運動の広がり

小池　僕が「近くの山の木」という形の小さなネットワークを一番大切だと思っているのは、そこでは人と人も触れ合うからです。事実、「近山」運動が起こって、町の人たちが山の木を見に行きだした。見に行って、「あっ、この木で家をつくるのね」という。こういう関係とか、春には山菜があって、秋にはキノコ狩りというようなことを含めて、自分たちの裏山にこういう山があって、こういうふうな自然の恵みがあるんだということを、木だけではなくて知っていく。そうやって町の人たちが山に親しみを持ち出した。それで向こうの人たちのお話を聴いたりする中で、価値を知っていくということの中で、家をつくっていく。そういう取り組みの点では、小さなネットワークが非常に大事だなと思った。工務店だけで、ただ経済的な効率性だとかコストを下げたりだとか、そういうことだけで取り組んだやり方は具合が悪くて、むしろ工務店の家づくりは、お客さんを巻き込んだ関係づくりの中で山との関係が形成されるようになったというのが「近山」運動の持っている最大の功績じゃないかなと思う。

それがうまくいったところもあるし、なかなか簡単ではないところもあります。というのは、山のほうもその山の木で一軒分の材を全部満たせるわけじゃない。「近くの山」といいながら、市場に入ってくる木は必ずしも近くの山の木だけというわけじゃない。

この間、新潟の寺泊《てらどまり》へ行って魚を見ました。日本海に面している寺泊だから、日本海の魚がさぞ並んでるだろうなと思ったら、北海道から九州から全国各地から集まっていて、この魚がなんで寺泊にあるんだ、と。木の市場でもそうですけれども、九州のどこそこから運ばれてきた木がなんでこの市場にあるんだ……みたいなことがあって、日本の流通というものの持っている性格が非常に似ているんじゃないかなと思ったんです。

別に狭い日本の中でのやり取りだから、外国産が使われているよりはいいじゃないかという言い方もあるし、それはそれでそういうこともあるのかなとは思うけれども、できればちゃんと近くの山の木で、「何の誰兵衛さんの祖父さんが植えた木で」というストーリーの中に置くことができれば、その地域の一〇〇年だとか一五〇年という単位の歴史そのものも知っていくというきっかけにもなりますよね。だから単に合理性とか近くだからというんではなくて、ストーリーを持った家づくりを、と。

自分の家の梁《はり》はあの山にあったということが、親父が子どもに聞かせるし、孫へも、お祖父さんから聞いたことを、「この木はこんなに大きくなったんですね」とか、そういう話につながっていくことがとても大事なのです。

「近山」の材で家を建てるのは、実は、ほんの四〇年、五〇年前は普通のことでした。流通によってこんなに物が行き来し合うようになったのは、簡単にいうと一九六〇年以降の高度成長の中で生じたことで、国産材比率というのも八割とか九割とかという時代があったわけです。それが一九六〇年から二〇〇六年にかけて二割に減ったという問題があるのであって、それ以前は近くの山の木で家をつくるというのは普通だった。お金持ちはむろん秋田から秋田の材を使ったり、「銘木」といわれるものが、それはそれで流通していた。この天井板はどうだとか、この柱はどうだ、この梁はどうだって、それはそれでいいんだけれども、一九六〇年以降の現実はそうではなく、近くの山の木も使わないし、……まあ銘木はいまちょっと一番辛いところにきているらしいんですけれども、そういう現象が工務店をめぐってあったんじゃないかなと見ています。

再生可能な山づくりとして

天野　日本における近年の木の使い方は二割が国産材で、八割が外材です。そういった所に、近くの山の木を見直そうよというような運動として認識されたわけですよね。

小池　そうですね。

天野　だから多くの知識人たちが、やっぱり「使用している材の八割が外材というのはおかしいだろう」ということになったわけですよね。

小池　恐らくその人たちは環境問題という面も同時に考えた。それまでは「自然を守れ！」というだけだったけれども、実は人工林は適度に伐採をして、植林して、再生させていくサイクルが大事だということがわかってきたんじゃないか。

むろん原生林は非常に大事だから、白神山地は守らなきゃいけないんだけども、「近山宣言」は、近くの山の木はほとんど並材で、人工林で植えて、その山が間伐されなくて荒れに任せられている、こんなことでいいのかという訴えだったわけです。「白神山地を守りましょう」みたいな運動じゃない。むしろ林業者と消費者が一緒になって、「ちゃんと日本の木を使いましょう」という運動ですから、環境運動としても非常に珍しい性格を持ってたんじゃないかと思う。

そういう意味で、消費者もなるほどと納得し、知識人もなるほどと納得したという点では初めてのことじゃないか。

ただ、世界の中には再生可能の森もあれば、どんどん資源を潰している森もあるわけです。再生可能なやり方で立派に林業をやっている人たちの木を、木がない所の国がちゃんと使っていくとか、利用していくとかということは、地球という単位の中ではおかしいことではなくて、むしろそれこそが二十一世紀のあり方だと思うのです。もちろん材には「輸送コスト」がありますし、輸送で出てくる排気ガスの問題もあるから、近いにこしたことはないのですが……。

しかし、国産材だけが良いというような、今度は極度に攘夷的な考え方が日本の林業者にはあって、外材敵視論になった。そうではなく、外国でも再生可能でがんばっている国とか、実に見事にカスケード利用で最後の最後まで木を使い切っている国はありますよね。そういう国の取り組みと交流を深めて、仕事を一緒にしたりして学んでいくことも大事だったのに、日本の林業は「外材は敵だ」みたいなことで閉ざしちゃったんじゃないか。確かに日本の商社が熱帯雨林を伐採してきたという問題は、一方で重大な事実であって、日本は世界から「木食い虫」といわれた。そういうことは、非常に大きな問題性を孕《はら》んでいたけれども、再生可能で取り組んできた国の取り組みを、それと同一に論じちゃうところが日本の林業を余計ダメにした面もあるんじゃないかということは、やっぱり振り返りたいと思います。

同時に、国産材の自給率ということも非常に重要な事実です。食料だって自給率を高めておくことは絶対大事ですが、その点で国産材利用が二割にまで落ち込んだという問題には、私は工務店の責任もあると思います。日本の住宅の六割は工務店がつくっているし、しかもその六割をつくっている工務店はほとんど木造でやっているわけです。その工務店がもっと積極的に日本の木を使っていれば、そこはちゃんと維持できたはずです。

外材は安いからという理由だけで、外材を使ってきたのは良かったのか。いまはユーロ高で、原油の高騰で輸送費が上り、中国の買占めで、外材よりも国内産の方が手ごろだなんていう話は出てますけれども、経済性だけでまたそっちに変わるということは、再び経済状態が変われば、またそっちにもいきかねないわけです。だから考えの根本をちゃんと掴みなおして、工務店も反省をしないといけないんじゃないかと思うんです。国内産が活発になってくると、今度はまた価格競争だけになっちゃう面がありますから、エンドユーザーを見据え、コストだけでなく品質を高めることを地元地元で努力しあい、山の林業者ともよく話し合って解決していくことが、流れとして一番大事なことじゃないかなというのが、僕の持論です。

「新生産システム」は皆伐を招く？

天野　「近山」運動から七年ぐらい経っていますが、工務店の皆さんの現状は、どうでしょうか？

小池　全体の住宅着工数が落ちてますから、工務店業界が厳しいことは事実です。非常に厳しい中で受注を取りまとめているのが、近くの山の木で家をつくったり、国産材をちゃんと使って木の家をつくろうとやってきたところで、比較的消費者の支持を受けていることは事実です。そして、そういうのを見て真似するところも増えてきた。これはとてもよい真似だと思います。だから、日本の工務店がそういう方向で歩み出したということは大きな進歩じゃないかと僕は思っているんです。

天野　「新生産システム」が二〇〇六年から、その前年には「新流通システム」が林野庁の同じ人物から発案されて、財務省に採択され、予算がつきました。林野庁は、これまで外材を使っていた大きなハウスメーカーに太いロッドで国産材を出しますよという約束をしました。その代わり、ハウスメーカーの皆さんも、外材を買うといういままでの安易なシステムの転換をしてください。転換するには、お金もかかりますし、売る手法も変えなきゃならないわけですけれども、そういったものを変えてくれませんかと林野庁は頼んだわけです。

ある製材会社は設備を新しくするのに三分の一の国の助成がもらえるとか、みんなで共同組合をつくってやると二分の一助成がもらえるとか、そういったことで動き始めています。

いままで「近山」運動をやってきたような人たちにとって、「新生産システム」は脅威だと思うんですけれども、どう思われますか？

小池　「新生産システム」のプレスリリースをウェブから拝見しました。私がまず驚いたのは、この種の文書で「ハウスメーカーのニーズに応える」というようなことを明記した例は過去にないんじゃないかということです。

天野　私は、これを書いた人たちは珍しい正直者だなぁと（笑）。

小池　そうかもしれない。

天野　いままで官僚の人たちは、こういう本音を隠し隠し「国民の皆さんのために平等に、どなたにも平等にやってるんですよ」といってきて、決してこんな本音はいわなかった。それが書き込まれている。

小池　いままで、いろいろこうやってやったらいいじゃないかというのがうまく行かなかったからね。日本の山の人たちを信用させるには、ハッキリものを書かないと信じてもらえないというのがあったかもしれません（笑）。こういうふうに書かないと、誰が買うんだと。つまり、日本の山の問題は、いつも出口、売り先が明確じゃなかったわけ。つくれつくれ、あるいは、出せ出せというけれど、誰に売るんだということは明確じゃなかった。だから、そういう面では正直いって、ハウスメーカーが日本の国産材を使うのはとても好ましいことで、大いにこれを使って頂くのは良いわけですが、二つ問題があるんじゃないかと。

一つは、大ロットというと、どうしても大量生産、材の集約というシステムが前提になるだろうと思うんです。そうすると、一方で「持続可能な林業」と林野庁は謳っているのに、山元は皆伐方式に傾斜するんじゃないか。それでは、「いったん密植して、その後に間伐する」という日本人の人工林づくりの基本を根底から崩すことになる。また、山を丸坊主にするから、土砂が大量に発生して、「治山治水」にはならないだろう。木を子孫に残すというのは美田を子孫に残すというのと同じで、日本は次に渡していくものをちゃんと持つことによって農業にしても林業にしても成り立ってきた歴史があるのに、全部伐っちゃうということは、極端にいうと「後は野となれ山となれ」ということになりやしないかという心配をするんです。ちょっとキツいけど（笑）。

天野　やっぱり、小池さんはちゃんと見てるなぁ。実はこの本を書くにあたって、あるいは自分としても心配になって全国歩いてみたんです。するといまおっしゃった〝皆伐〟が、まさに行われてるんです、各地で。

「新生産システム」に参加したある大きなハウスメーカーさんは、今度の「新生産システム」の申請書で、「これからは国産材を使うことを約束します」と書いています。そして、もう自分たちの売るシステムや、建てるシステムを変えているし、それに投資もしているわけです。

「新生産システム」は山元を元気にして、森林組合を再生させて元気づけ、山からどんどん木が正しい方法で出るように五年間かけてつくってゆくものです。その一つが林内路網を高密度につける――小さな道をつけてキチンと材を出していくこと。それを効率よくできる方法を探っているはずです。
ところが、全国の一一ヶ所でやるだけでもこれから五年間かかる。そこでいま、山の現場では、ハウスメーカーが木を出してくれれば高い値で引き取りますよということが始っている。すると林業を諦めようとしている人たちが焦って、「この前まではものすごくスギが安かったのに、いまちょっと上ってるぞ。いま売らないと、もうダメかもしれない」と思って投売りしてる。
小池 色めき立ってるわけね（笑）。
天野 そこで起こっているのが皆伐です。そして、伐った跡には植えていない。
小池 無論、皆伐がよくないことを今回だけでいうつもりはないけれども、やっぱり大ロット、大量生産、材の集約ということは、そこにつながらざるを得ない面がある。私は理想をいうと、地域ごとに間伐をした材は、ラミナ（集成材を構成する板材）の工場をつくって、集成材加工はモビリティを活かし、品質とコストノウハウを持った工場でつくる。そのラミナには産地照合をつける。そして、無垢《むく》で売れる木は「近くの山の木」で使ってもらう。製材廃棄物はペレットにするとかというふうに、山の中で木を隅々までちゃんと経営するというか、この木はこういう目的で使えるとか、もう何年経ったらこうだとか、この木は間伐で抜くんだと、これは集成材のラミナにやれるんだと、そういうふうに地域ごとに経営の目を持った取り組みをする。それにはやっぱり地域ごとの単位で山を考えていくことが大切になります。メーカーに「これだけ欲しいから伐ってくれ」といわれて続けていれば、最後には、札束で買い叩く人も出てくる可能性もあると思う。もう世界の材はあまり高いから使えないけれど、国内の木はそれでも安いということになる可能性もあるわけです。

大手メーカーにはできない小さな工務店の強み

小池　もう一つ工務店の側からいうと、最近の「木の家」ブームで自然素材と木の家という形で、ハウスメーカーにとっては二重に非常に厳しい状況が生まれています。数年前まで年間六四万戸あった戸数が三六万戸に減った。もう一〇年も経つと二〇万戸になるといわれてる。パイはどんどん小さくなっているから、どこが取るかと、ハウスメーカー間の競争が激化しているわけです。

その一方で、伸びている工務店がある。それは従来型の在来工法ではなく、いわゆる「木の家」という形でユーザーと一体となりながら家をつくっている工務店です。「どういう木がいいですか。山へ木を見に行きましょう」というようなことをやって、地域の関係づくりの中で家をつくっている工務店が案外元気なんです。そこで、ハウスメーカーがそれを眺めると、「まだあそこに〝収穫の島〟が残されているじゃないか」となる。ハウスメーカーから「木の家」の広告が大量に出され、攻勢を掛けられれば、工務店が厳しくなるのは目に見えています。

目に見えていますけれど、私があまり絶望してないのは、住宅業界は大きいから、そこに入り込めるかというと、地域によって土地の事情はそれぞれ違うし、その家が建つ家族の構成も土地の形状も、家族の要求も様々ですから、アメリカがベトナム戦争で勝てなかったのと同じようなことがあると思う。〝小さな敵〟は扱いにくいんですよ。

もう一つ、ネットワークということでいうと、ハウスメーカーはお客さんに、見学ツアーで皆伐の山を見せられませんよね。工務店なら、「こういうふうに努力してる林業者がいるんだ、この人はこんなふうにがんばってるんだ。だから、この人から木を買おうじゃないか」といえる。日本人はどこかですごく健全な部分を持ってますから、そういうことに心を揺り動かされるユーザーと一緒に家をつくっていくことを経営者が先頭にたって粘り強くやれば、共感するお客はいると思う。だから絶望することではなくて、ハウスメーカーが「木の家」をやったら、工務店はそれにどう負けないようにするか、強靭な論理と具体的な方法論、知恵が求められます。

それには山と里と海をつなぐ考え方、「森里海」という概念を、まず身につけることだと思っています。この山の木はどういう意味を持っているのか。山に近いと輸送も便利だし、安いからだけではなくて、山の価値をわかりながら木を使っていく。「そんなことはどうってことない」といわれるかもしれないけど、案外これを丁寧に熱心にやっていくと、わかってくれる賢い消費者は多いと思う。

図表8　「顔の見える木材での家づくり」団体数等の推移

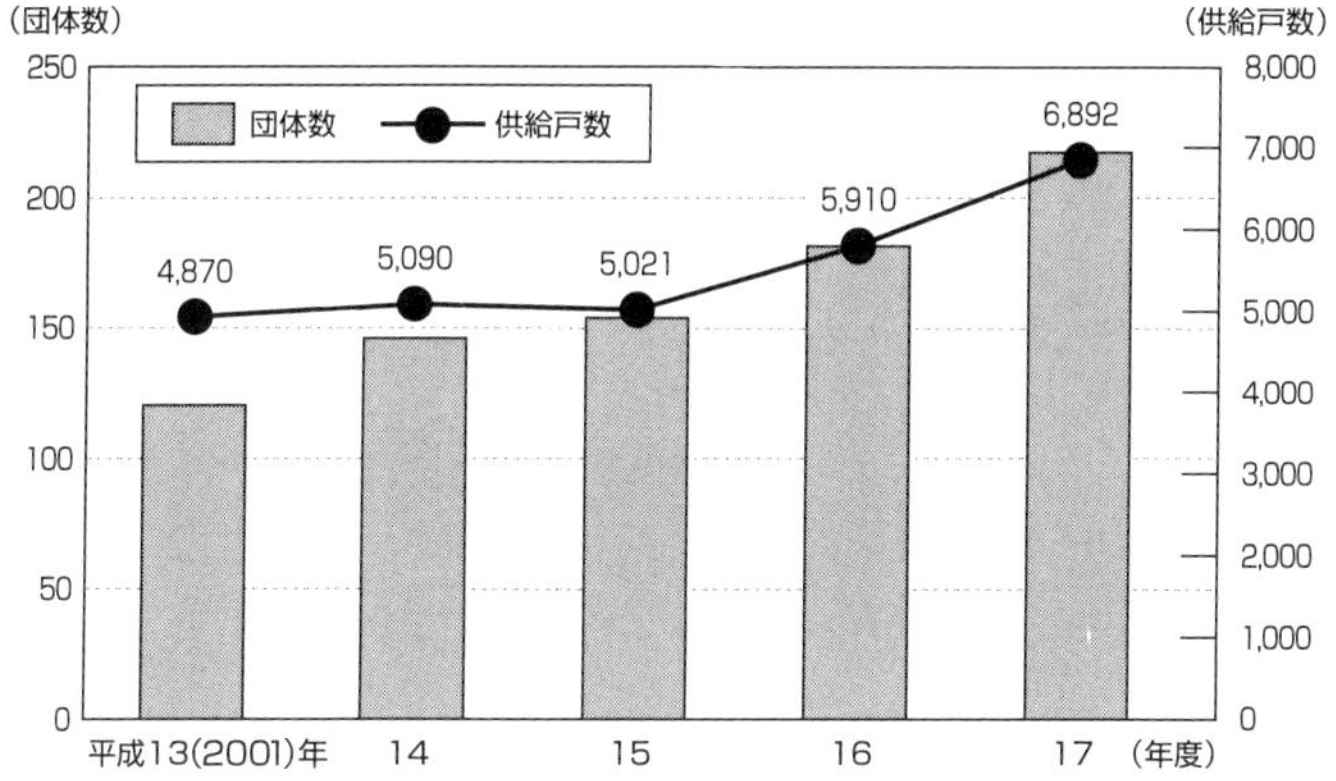

（資料：林野庁実務資料　注：供給戸数は調査年度の前年度ベース）

林野庁の覚悟、工務店の可能性

天野　林野庁は戦後に植えた木が四五年ぐらいたって使いごろになったということで、いまは九州森林管理局長をなさっている山田壽夫さんが二つのシステムを考えました。それから二〇〇三年に京都大学で提唱された「森里海連環学」に私がまず出合ってて、小池さんにお教えした。小池さんは、「工務店は『近山』運動の次には森里海連環学だ」といって、それに賛同する工務店がもう五〇社ぐらいになって、「森里海連環学実践塾」までつくっていますよね。

二十一世紀の森の使い方の提案みたいなのが林野庁からも出たし、研究者からも「森里海連環学」が出てきた。

地域の工務店はやはりグラスツールだということですよね。大手のハウスメーカーさんも郊外店も、ここが売れるとなるとそこにバーッと行くけど、食い尽くしちゃうとどっか行っちゃう。でも、草である工務店はどこにも行きようがなくて、地域の人たちと地域を直していくしかない。地域を直すとはどういうことかというと、二十世紀の経済活動によって森と川と海はつらなりやつながりをなくしていた、それを直そうとようやく日本人も考え始めた。それが東京大学ではなく、官僚を育てる大学としては〝西の雄〟である京都大学から出てきた。

このタイミングはすごいなと思うんです。それなりに時代の要請があって、林野庁もこういうふうなシステムを考える人が一人いて、おもしろいことにその人は〝西〟の人でした。その一人のまわりには、私がパッと見ただけでも五〇人ぐらいのガッツのある役人がつらなっていて、反対する人がいてもやっていこうとしている。だから先ほどキーワードがプレスレターに載って、小池さんがビックリした言葉が書かれていたけれど、私は、「今度は言い訳をしないでやっていこう」という覚悟をこの人たちは持っていると見ているんです。

小池　ある種の覚悟ね。今回は本気だなという感じはしてるんです。だから工務店もめげないで、こちらはこちらで一つの仕組みがあるんで、それにも林野庁は応援してくれればいいと僕は考えています。集約型林業と小規模林業の両方をバランスよく進めるべきで、小さなネットワークが無数に形成されたら、これも大きなパワーになります。現在、木造住宅の一軒当たりの国産材の使用量は七・一㎥です。これを二〇㎥に増やすだけで国産比率は大幅に上昇します。工務店がつくる「木の家」は、だいたいそのくらいの量は使いますので、これをもっと応援してほしい。

いま、農業の分野では、農協が組合員がつくったものを持って来て市場を開くファーマーズマーケットが盛んです。ものすごく人が来て、たちまち売れちゃうわけです。それはやっぱり地元の誰それがつくっているので、安全ということもあるし安いということもあります。それに、少しばかりゴツゴツしてても――いままでのマーケットは全部形を整えて、キュウリはこの大きさでとなっていたけれども、ちょっと大きいけれども安いよといって、みんなが喜んでいる。必ずしもメーカーだから、流通品だからいいというふうには、いまはならないわけです。一方で、メーカーさんにとっては最大にやりにくい時代には来てる。

ここで工務店が元気を出して、このテーブルに載るこの野菜はどこで採れた、これはどこで採れたということと同じように、この家の木のここはこうだよ、あそこはこうだよというふうにして、身近な暮らしの中で家をつくることです。そういうことはハウスメーカーにはできない。ファーマーズマーケットは、地域の味が町をつくるという考え方がバックにあります。同じように地域の木が町をつくるというふうに行きたいのです。

お月見の時には、食卓ちょっと低くして、みんなで楽しんで、このススキはどこでとってきたんだよとか、この芋はどこだよとかって、そういうことは些細なことだけれども、確実に喜びになっていくんじゃないか。そういうことこそ、本当は一番人間的な喜びだったんじゃないか。ブランド物を買うのはバブルの時の喜びだったけれども、もうちょっとちがう楽しみ方があると知る。恐らくこれからやってくるであろう格差社会の中では、そういうやり方を見出す方がいいんじゃないかという感じがしています。それを提案できるのは、工務店じゃないかなと、僕は思う。「森里海」に工務店が向かうのは、そういうことがわかっているからじゃないか。ストーリーを語る、地域を語る——工務店はそういう形で、再び山元との関係を構築しようということでしょう。

第四章

動き始めた〝緑の時代〟

森の力になりたい

四万十町（旧・大正町）臨時職員・立谷美沙さん（高知県）

生物が減少や絶滅の危機を迎えると、「メス化」することが近年知られている。私自身も、まず川が、そして次には森が気になって動くようになった。これは〝母性〟のなせる技だろうか。

一方、高知県大正町（現・四万十町）などでつくられている作業道は、初心者や老人や女性でも作業が可能となるために、林業への就業の可能性を広げる。

これは、「絶滅へのメス化」ではなく、「林業に未来がある」ことを示しているのではないか。

山に就職したい女性が出現

「大学を出たのに臨時職員？」なあんてことは立谷《たつたに》美沙さんには少しも気にならない。山で働きたい彼女は、初めはアルバイトから大正町の臨時職員の町有林管理に入ってきたからだ。

大阪府堺市の生まれ。酪農家出身の母を持つ美沙さんは、中学二年までは、将来は農業に従事したいと思っていた。高校も行かずに〝現場〟へ出たかったが、一応進学。林業活動体験をやってみると、それまでは「木を伐ることは自然破壊」と思っていたのが逆で、伐ってやらないと山が元気にならないのだとわかった。そして若い人が山からいなくなっている現状も……。

「そんなら、うちが森の〝力〟になったげる」と。

大阪の家を出してもらうには、大学へ行くという手段が必要だったので、高知大学の森林科学科の「森林」という文字にひかれて受験。「うち、あほやったから猛勉強してやっと入れたんです」とはにかむ美沙さん。

森林科学科の後藤純一教授のゼミで親友となって同時期に大正町（現・四万十町）へ入ってこれた松崎慶子さんと、四年生の冬に高知県馬路《うまじ》村で行われた「山師達人選手権」に出場し、打ち上げ会で、いまの上司、大正町産業課の田辺由喜男氏と出会い、二人で「大正町にやとって」と交渉するが「まぁ、遊びにこいや」とあしらわれる。

卒論は、高知県嶺北地区の「(株)とされいほく」のＨ型架線集材の現地に三か月居候させてもらい書き上げた「Ｈ型架線」。ここでも就職を希望するが、「女は嫁に行かれるのであてにならん」と断られる。

まだ山の現場での就職先の決まらない中、大正町におしかけアルバイトに来ていると、ようやく「四月から臨時でこいや」といってもらえたのは美沙さん一人。親友は同じ大正町でも観光分野からの出発となった。

高知県大正町には、「田辺林道」と呼ばれる山の作業道がある。名付け親は島根大学の小池浩一郎教授。木質バイオマス研究の第一人者だ。

「田辺林道」とは、美沙さんの上司、産業課長の田辺さんが、徳島の橋本光治さん（83頁参照）に習ってつくり始めた作業道のことだ。

その仕様は、

・表土積みを基本に施行する。

・路側は後記の勾配に合わせ、必要に応じ丸太積みを行う。

・法面《のりめん》は、法高一・五m以内とし、やむを得ない場合は、発注者と協議する。

・丸太積みについては、末口十二cm以上の丸太を利用し、原則として、スギ・ヒノキを使用するものとする。なお、別の木材を使用の場合は協議を行う。

というもの。

田辺さんは一九九六年四月の異動で土地改良係長から林業振興係長に転属され、町有林台帳を見て驚いた。「なんやこれは。こんなに金を入れよるのに、山は変わらんのか」。それまでの大正町は、山のことは森林組合におまかせで、林業係は、職員一人と、町有林巡視員の非常勤が一人だけだった。町有林の施業は森林組合に委託していた。

ここに、全国共通の、これまでの林業行政の大きな問題点が見える。すなわちこうだ。

「林野庁は、国有林の赤字経営からの脱却が緊急課題で、二十一世紀へのグランドデザインを明確に描ききれぬまま、中山間地域に住む〝山をわかっている中高年〟のいる現場である営林署を統廃合し、五〇〇〇人体制にリストラしようとした。

中山間の自治体は、地域の森林組合がなるべく生き残れるように、これまで無条件で仕事をまわしてきた。山の労働者は、道もつくれるし、山仕事を何でもこなせるが、どうすれば森を救えるかを、心配はしていても解決するすべは知らなかった。

森林組合は、全国で老齢化し、営林署すなわち国有林からの仕事をじっと待つだけの組織になっているところが多い。」

だから大正町でも、町の財政に危機感が生まれるまでは、森林組合に山をまかせるという行政を続けていたのだ。「これじゃ、いかん」。九二%を森林が占める町なのだから、林業から大正町の財政を救うぐらいの気持ちで大改革をやらないと二十一世紀には生き残れない。「まず、道だ」と田辺さんは思った。橋本光治さんがよい作業道をつくっていると聞いて教えを乞うた。橋本さんは、第二章で書いたように、日本の森の作業道づくりの第一人者として知られる大橋慶三郎氏の門下生である。

林業に〝未来〟を見ています

これまでの林道は、四t以上のトラックで、重機を運んだり、木材を市場まで運搬することができるように考えられていたため、規模が大きすぎて、それゆえ金もかかり、延長すると森林破壊となることが批判されてきた。それが、間伐が進まない要因の一つともなっていた。

田辺林道は、小さな山に網の目のように巡らされている。それによって作業が「道端《みちばた》仕事」になって楽になり、美沙さんのように女性でもできる仕事になった。森は明るくなり、チェーンソーの音がこもらずに遠くまで響く。材出しの経費も安くなり、コンスタントに材が出るようになったために大正町へは、ひと山越えた愛媛の木材市場から直接山裾までトラックが来てくれるようになり、山から市場までの搬出システムが構築され、安定した木材供給が行えるようになった。二〇〇五年の七月には山土場も完成して、ここでは山から軽トラックで運んできた材で次の三つのことが可能になる。

一つは、三mくらいの木は建築用材に。二つめは、〇・八m以上、二mまでの材は重量計に乗せて比重換算し、現金で買い取って集成材の材料に。それ以下のバーク（樹皮）は、木質バイオマスへの利活用を検討している。これまでは山に捨てていた材が現金に換わるので、町内の商店街の購買力が上がり、町が活性化するというのが田辺さんの計算だ。「夕方主婦が自分の山の道端の木を軽トラで何本か積んで来て、父ちゃんのビールのあてを買う」ということが実現できている。

立谷美沙さんは、そんな大正町へ就職でき、「困っている」と学生時代には聞いていた山が、人が頭を使ってきちんと働けば、助けてやれることを、毎日毎日実感できているようだ。

「木を一緒に伐っているおいやんが、伐ったあとニコッと笑って、ようなったなぁー、前はこんなこと、してやりとうてもできんかったがや、と嬉しそうです。自分が、日本の森を少しでも明るくしたい。林業のことをもっとみんなにわかってほしい。いま材価が悪いからといって、山を捨ててはおけないですよ。木に関わっていたら、人生で何かを見い出せる。私は林業に〝未来〟を見ています」。

二三〇ccのオフロードバイクで風を切り、三食自炊でがんばる美沙さん。こんな女《ひと》が、森に〝希望〟を持って働いていることを、全国の森林組合の皆さんは〝希望〟としてほしい。

子どもの時からの憧れやった

（株）とされいほく社員・大利猛さん（高知県）

現場作業員一五名の平均年齢三二歳。そんな山の仕事人集団が、森林面積が九割以上という高知県の高地、嶺北地域で気を吐いている。プロセッサ五台、スイングヤーダ三台、H型架線四台、タワーヤーダ一台、ラジキャリ三台、フォワーダ一台を導入して、徹底したコストカットに取り組んでいるからだ。現場リーダーの大利猛《おおりたける》さんを訪ねた。

山の〝申し子〟

幼い時から、山から木を積み出す仕事をしていたお父さんのトラックの助手席に乗せてもらって「山へいきゆう」子どもだった大利猛さん。山の現場の〝先やりさん（山で現場を仕切る人物）〟たちからは、父に連れられて山へ行くたびに「待ちゆうぞ坊、はよ大きゆうなれ」と頭を撫でられて育った。中学校では「僕は山師にしかならんぞ」といっていた。高校は林業高校へ行かず男女共学の商業高校へ通ったのは、「学校で習わんでも山のことはみんな知っちゅう」との想いで、世の中の他のことを見る目を持ちたかったから。

高校を卒業すると、すぐに「(株)とされいほく」に入社した。子どものころから憧れていた〝先やりさん〟が、すでに入社し、待っていてくれたからだ。

「(株)とされいほく」は、一九九一年七月に、嶺北《れいほく》地域の大豊町・本山町・土佐町・旧本川村・大川村などと県が出資して創った第三セクターで、間伐などの山仕事を請け負う仕事師集団として出発した。若い労働力を地元に呼び込み地域林業の振興を図ることが目的とされていた。間伐材などの枝払いから造材・集積までの多工程を一台でこなすプロセッサなど最新機の導入により、若者が林業に持っている暗いイメージを一新しなければ、嶺北という「山で食ってゆく」ことしかない地に未来はないとわかっていたからだ。

猛さんが入社した一九九四年から三年間は黒字、九七年からは三年連続赤字となり会社は一五〇〇万円の赤字を抱えていた。材価が下がり、山主さんへ収益を還元するためには、請負単価を下げるしかなかったからだ。

二〇〇一年には、半田州甫《はんだくにお》さんが〝助っ人〟として副社長に就任した。半田さんは三九年間を高知県林業技術職員として過ごした人物で、そのうちの一三年間は嶺北地域に赴任。一九九五年に「嶺北林業振興事務所」ができて初代所長となり四年間務めていた。定年を二年残こし、「とされいほく」の赤字再建に飛び込んだ半田さんが、猛さんたちにまず説いたのは、「間伐の推進、豊かな森づくりと労働生産性の飛躍的アップ」。「その究極の手法は強度間伐とH型架線による集材」

が、半田さんの持論だった。

一本のワイヤロープによる架線装置では、その真下以外で間伐された木は斜めに吊り上げられることになる。そうなると残した立木に集材木がぶつかって木そのものも傷むため、将来の生産の対象となる木材の価値も下げてしまう。

そこで、山と山の間に張ったワイヤロープに平行して、およそ三〇〇メートルの間隔でもう一本ワイヤロープを張る。その二本のワイヤロープの間に吊り上げ用の装置を装備したワイヤロープを渡す。それがアルファベットのH型のように見えるので、「H型架線集材」の名が付いている。これまでの方式では集材できる面積が線状の範囲だけだったのが、二本のワイヤロープの間を自在に広げることが可能となるために、その範囲が飛躍的に拡大し、面的集材となる。これがコストを下げる。

ワイヤロープを張る作業の最初のリードロープの敷設にはラジコン飛行機を使い、ここでも所要時間を四分の一程に短縮できている。

半田副社長は、「地域社会に貢献する」を企業理念に掲げ、「山主に間伐収益と豊かな森をプレゼンテーションすることが産業としての林業の基本であること」そして、「日本の森林を再生させるためには、産業としての林業の再構築が絶対に必要であり、それには徹底的なコストダウンしか残されていない」ということ。「だから当社はこれらの実現をめざすことを経営方針とする」旨を社員に語りかけた。

そして、若い社員たちがいま、仕事にどんな不満を持っているのかも聞いてくれた。若手は「年いったおいやんよりも俺たち若いもんの方が仕事をしているのに、年功序列で給料が決まるのはおかしい」という気持ちを持っていた。

それを改め、若い人の〝やる気〟を出そうとする半田さんの熱意を、若手の中で一番理解したのが猛さんだった。

日本の林業に不可欠な男に育て

猛さんがリーダーの三人一組の班に同行したある日、私を助手席に、後部座席に他の二名を乗せた猛さんは、運転をしながら私のインタビューに答え、後ろの二人への指示を出し、キャプテンからの無線指示に答えるという離れ技を見せてくれた。途中でコンビニに寄り、朝食を食べてきていない後輩にパンを買うかと聞く気遣いも忘れない。

「猛は、経営に対する基本的な、持って生まれたセンスを持っている。それは林業のトラック運転手として稼いできた父親の背中を見てきたことと、幼いころから〝先やりさん〟たちと父の茶飲み話を聞く中で養われた天性かな。担当事業地の〝収支〟も必ず聞いてくる。いかに山主さんのために収益を上げるのが大切か、長いスパンでいい山をつくるには、山を持っている山主が安心して山をあずけてくれるかにかかっていることを、彼はわりと早くからわかっていたように思う。会社の経営の全体を考えて、年間の資材費の段取りをどうすればよいのかも見ている。若いもんの育成にも厳しい目を持って、的確なアドバイスをしている。機械のトラブルも修理できるし、自主点検を進んでしてくれて若いもんにその姿を見せてくれる。資格も取れるものはほとんど取得し、何でもできる。外部に出せば五万円はする修理も部品を取り寄せ数千円でできるようにしてしまう。彼はすでに会社にとってはなくてはならない人材であるし、高知の、というよりは日本の林業にとって必要とされる人間に育ってくれているように思う」。普段は厳しい半田副社長がめずらしく、手ばなしで褒める。

「豊かな森」への希望がここにもある

（株）とされいほくが創る森は、間伐率六〇％。急傾斜地の、路網が高密度につけられない森に、H型架線という高知県独自の技術を施して、材を傷めないで出してくる。いま、猛さんたちが取り組む（株）中江産業さんの山のように大きな面積だとやり易いが、高知県は小さな山主が多く、これを説得し、まとめて、仕事のしやすい団地化をすることができないとH型は使えない。半田副社長は、山の差配や経営も見ながら、夕方からは山主さんの自宅へ通ってねばり強い説得を続けている。

こんな半田さんの姿を見て育つ猛さんは、きっと良い指導者に成長してゆくと思う。

現場での猛さんの仕事は、山むこうからH型架線ウインチマンの矢野君が誘導してくる枝つき材を受け、プロセッサで、材の大きさや形状を瞬時に見極めて最も高価値材となるように、枝払い、玉切り（伐った木を一定の寸法の丸太に切りそろえること）をすること。一番若いまだ新人の高橋君は、伐採木にワイヤーを掛ける玉掛作業で、これが一番歩くのでしんどい。新人にこの仕事がまわされるのは、集材作業の原点であり、作業効率を左右するポイント的作業であることから、適性が試せるからだろう。

「お前の仕事が一番きついけど、がんばれよ」。猛さんは高橋君に声を掛けるのを忘れない。

最新鋭機を揃えた現場は、システム化のため、作業道もある程度は整備されるので昔のように「長時間歩いて現場まで行くきつさ」から若者を解放した。

土、日も休める。給与は他の林業者より高い。最新鋭機を使いこなす姿はカッコイイ。しかし仕事日は、朝五時半に起き、夕方六時半に事務所にもどって日誌を必ずつけるということを続ける、人間としての基本姿勢が要求される。

「山が好きで、その山が永遠に健康でいてくれることを自分の喜びとすることができる若者」が、実は列島のあちこちで生まれているのではないか。

大利猛さんの存在は、私にそのことを予感させる。「(株)とされいほく」が若い人材を育てているこの姿を、列島の山元で働く年長の〝人生の達人〟たちに知ってもらいたい。「豊かな森」をつくるための「いい人材」が、日本の森にはいま一番必要だ。これからの林業では、それを育てることができているところのみしか生きのびることはできない、という厳しい現実を直視しなければならない。

しかし、「希望」は、このように、あるではないか。

〝森の番人〟の跡継ぎができた

(株)ウッドピアの皆さん(徳島県)

中山間過疎地域と呼ばれる山里で、農作物をつくって糧としながら、小さくとも森林を所有し、山や川のありようを心配している人たちの年齢が、もはや若くても六五歳くらいとなってしまっている。

五年以内に全国でこの状況を覆す手法を編み出さなければ……。考え込んでいたら、元気な集団が現れた。都会から山里へ、〝助っ人〟が家族ぐるみでやってきたのだ。

黒字になった第三セクター

舞台となる徳島県美馬《みま》市木屋平《こやだいら》は、二〇〇五年二月までは木屋平村であった。人口は約一五〇〇人。その四割が六五歳以上という過疎高齢山村である。

高度二〇〇〇m近い剣山に太平洋から立ち上る水蒸気が当たり、雨をよく降らす。そのため地形は急峻で耕作地は少なく、森林率は九五%。そのうちの九二%は民有林である。

「(株)ウッドピア」は、前村長の西正二さん(現在は美馬南部森林組合長を務めておられる)が、一九九三年に助役を座長とする林業労働対策設置準備委員会をつくって検討を重ね、翌九四年四月に第三セクターとして出発させたもの。

一九七五年に二五一人いた林業就業者が一九九〇年には五三人にまで減ってしまった現実を何とかしなくてはとの想いからであった。資本金は一億八八〇万円で二一七六株。木屋平村が一七〇〇株、美馬南部森林組合が六〇株、美馬農協木屋平支所が四〇株、一般が三七六株を所有。村内の森林所有者のうち二五四名が出資した。ふるさと創生金の三〇〇〇万円も使って、集材機やチェンソー、トラックも購入した。

このような森林の第三セクターは、当時の国土庁の、一九九〇年の新過疎法、九一年の山村振興法改正、自治省の九三度からの地方財政措置によって、全国でも設立されていたが、この「ウッドピア」や、174頁の「(株)とされいほく」のように黒字に転換できているところは少ないようだ。

ウッドピアも、最初は赤字だった。社員が三名しか集まらなかったからだ。

それが好転したのは、一九九九年度から始まった「徳島県林業U・Iターン就職説明会」に積極的に出ていってからだ。現在は社員一〇名、臨時雇用四名のうち、五名がIターン社員、五名がUターン社員で、社員の平均年齢は三七歳。Iターン社員五名には妻子が一三名(まもなく生まれる子は含まれていない)同居している。

このIターン者確保の秘策を探ってみると、採用した側からは「採用する時に目安としたのは、奥さんが乗り気かどうか。いまいるIターン者は山好きの奥さんがほとんどやった」。入村した妻たちからは、「他のところでは、なんでこんな田舎へ来たいのかといわれて気を悪くしたけど、ここは村を挙げて歓迎という雰囲気で、こっちが一目惚れしてしまった」と、村とIターン者が〝相思相愛〟であったことがわかる。

成功のきっかけは境界測量

ウッドピアの主な仕事の一つは、村内の森林の戸籍調べ（境界測量）である。これが経営を黒字にした。木屋平地区内の森の九三％が民有林であることを考えると、高齢化してゆくこの山里では、いまの所有者世代が元気でいる間に所有区分をきちんと調査しておくことは重要なことである。次の世代になればもうわからなくなるからだ。

この境界測量はいま、ウッドピアが一ha六万円で請負って、国から二分の一、市からは二分の一の費用が出る仕組みがある。所有者の負担はゼロだから、高齢の所有者はウッドピアから説明を受ければ快諾することが多い。

その地区の森をよく知っている人物を〝世話人さん〟として、所有者との下話や、あらかじめの調査にも参加してもらう。この世話人さんが五ブロックに五人いる。この人たちこそが、山里にいて、農業をやりながら森のお世話をしてきた日本列島の最後の〝森の番人〟だ。ウッドピアのIターン・Uターン者たちは、この〝森の番人〟たちの知恵をひきつぐ仕事をやっているというわけだ。

森の戸籍簿をつくっておくと、高齢や不在で森の世話ができない森林所有者に替わって森林の管理をするという業務を次には行うことができる。木屋平地区およそ一万haの、間伐や撫育だ。民有林の小さな山主には、団地化を勧めることも必要だ。幾人もの山主をまとめて、その森林管理をコンサルタント業としてやってゆくのだ。こうすると、仕事は、永遠にある。

かつては、こういった山村では、山主が自分で森林組合などに材を出して金に替えることをしていたが、いまはそのシステムが完全に壊れてしまって、久しい。

本来、「森林組合」が元気ならば、このような仕事は森林組合の仕事であっただろう。しかしいまは、「なぜそのシステムが壊れてしまったか」を議論しているよりも、「新しい力をどこかから連れてくる」ことを、木屋平の住民たちは選択したのだ。そしてそれは見事に成功したといえよう。

ウッドピアの仕事の一つには、H型架線を使っての集材もある。H型架線といえば、174頁で報告した「(株)とされいほく」の若手仕事師人集団を教えたのが、この会社の副社長の半田州甫さん。半田さんの厳しい教えを受けて、平均年齢三二歳の「(株)とされいほく」はプロの集団に育った。

しかし果たして、その難しいH型架線集材を、まだできてたった六年くらいの「ウッドピア」のIターン者だけでやれるのか。

ウッドピアのH型架線集材の現地の班長は、大阪からIターンして五年目の三〇歳の荒井和志さんである。妻の泉さんとの結婚と同時に入村してきた荒井さんは、大阪ではたべもの屋さんでのアルバイトが多かったという人だ。

架線の現場作業について三年目。高岡索道工機のプロの架線技術者に来てもらい、一からの勉強だった。それでも、高岡さんのプロに指導してもらいながらとはいえ、三年目でもう一人前に仕事ができている。74頁の吉野の清光林業の岡橋清元社長も「Iターン者の一番良いところは、新しいことを素直に受け入れてくれること。古い考え方が入っている人ほど変わりにくい」とおっしゃっている。

旧・木屋平村長の西さんがIターン者に期待をしたのも、それが理由の一つであったかもしれない。私自身も、森林のことを見てきた人ほど、「いまこそ〝緑の時代〟が来ている」と私がいってもそうは考えてくれないと常々思っている。

「Iターン者」という新しい〝森の番人〟

日本の山里には、一〇〇の仕事をこなす能力を持った「百姓」がかつてはどこにでもたくさんいて、その人たちが山里で、列島の「治山」と「治水」を担当してくれていた。いま、その人たちの年代がもうギリギリの六五歳といったところまで来ていたところへ、「Iターン者」という、本来はそこを〝ふるさと〟としない人たちが、自然の中で生きることを求めて、森へやってきた。「ウッドピア」とは、森の桃源郷という意味である。まさに森へ向かってやってきた新しい〝森の番人〟にふさわしい会社名ではないか。

朝八時。ウッドピアに集まった山行きのメンバーは円陣を組み、両足をひろげ右手を前に出して、声を出す。「ゼロ災でゆこう!」と。妻と子を連れ、親戚もいない山里へ、自分の体力と知力を信じて入村してきた面々だ。森仕事の経験はなくとも、家族と自分を山で養う覚悟を持ってやってきている。その覚悟があるから、H型架線集材という高度な技術にもおじることなく挑戦し、習得できてゆくのだろう。

妻たちの覚悟も、相当であることが見てとれる。列島には、こんな若者たちが育っているのだ。〝緑の時代〟を信じて、子どもを育てている次代がこのようにいることを、しっかり見てほしい。

林業に、誇りをもてる〝人育て〟

高知県香美森林組合の皆さん（高知県）

二〇〇四年度の森林・林業白書に「高性能林業機械の導入と一体化した高密度路網の整備」という事例で登場した高知県香美《かみ》森林組合は、総森林面積二万二〇六五haのうち九二％が民有林という、国有林との深い関係を持ってきた森林組合の多い高知県下では特異な存在。全国的な注目を集める〝秘密〟を探ってみた。

森林組合再生のための三点セット

一九四〇年生まれ、六五歳の野島常稔香美森林組合長は、若いころは農業をしながら製材所に勤めていたが、二六歳からは森林組合一筋に歩いてきた人生だ。組合に入ったのは一九六六年。

一九六〇年に最高値をつけた木材価格は、「一九六〇年に木材が自由化されて関税がゼロの安い外材が輸入され国産材は駆逐された」や「一九八五年の〝プラザ合意〟、同年の〝日米林産物MOSS協議〟で、国産材よりも外国材の方が安いので外国材が多く使われる状況がより進んだ」

という言い方をされるが、バブルの崩壊までは日本材は高値をつけていたというのが事実。日本の山元が本当に苦しくなって、「国や県からの補助があっても」食ってゆけないと本当に真剣に悩み始めたのは、ここ一〇年くらいのことではないだろうか。

香美森林組合で、野島さんが組合長となったのは一九九〇年、五〇歳の時。野島さんは四九歳で専務になった時から、「これほど山の価値が下がれば、いままでの生産システムではやってゆけない」と考えていたので、組合長になるとさっそく黒字経営の林業地などの視察などを続け、一九九五年二月の総代会で「小さな所有者の協力を得て、林業施業のモデル団地をつくりたい」と提案し、可決された。私有林一万七九七八ha、組合員二七一〇人の経営が、「小所有者林地の団地化と路網づくり」、「ヨーロッパ型高性能林業機械の導入」、「人づくり」という、野島組合長のいう「道」「機械」「人」の三点セットに、託された瞬間だった。

一九九七年には九州の「泉林業」さん（198頁参照）で、木材搬出・積み込み・作業路開設・整地など幅広い作業能力を持ち、プロセッサと組み合わせができるなどの特徴を持つスイングヤーダの作業能力と、泉林業で取り組まれている列状間伐を見て、「これだ」とスイングヤーダによる列状間伐を始めた。

四一歳の業務係長、森本正延さんは、二一歳までは山を越えた徳島県木頭村の森林組合の伐出作業員だったが、香美郡内の香北町に住んでいたので、一九八六年に香北森林組合（香美森林組合の前身）の募集に応募して組合に勤め始めた。父親も木頭村森林組合の伐出作業員だったので、自分の得意技はもちろん伐出作業だが、いまは、森林の保育、間伐、購入、機械修理、次の仕事の段取り、森林所有者との打合せなどの林産業務で後輩を育てている。

四年前に「世界林業機械展」に視察に出してもらい、林業機械の台数も性能も日本は欧米よりも一〇年以上も遅れていることを知り、プロセッサなど高性能機械を入れても倉庫でねむらせている我国は「なんちゃぁならん」（「どうしようもない」という高知弁）。機械を使うシステムを改良する人間が必要で、自分はそんな男になろうと決心した。

高性能機械は一台二〇〇〇万円くらいする。プロセッサなどはメンテナンスだけで一〇〇万円はかかる。それが自分たちで修理できればコストカットの第一歩だ。県と一緒に「オペレーターセミナー」を開催し、自組合だけでなく県内他組合にも参加を呼びかけ、県全体の林業人材の若年化・底上げをめざした。スイングヤーダやプロセッサは、イワフジ工業（株）などと改良に取り組み、自分たちの使い勝手の良い機械の開発を企業にうながすと共に、新しい機械のモデル施工地として企業に視察の場も与えている。高知市内のコンサルタントＳＴＩ（古谷孝代表）とは、イワフジ工業（株）と組んで、作業員一人当たり一日五㎥以上の材を生産する「ソフト＆ハード」も提案している。

また、お父上とともに働いた経験からか、「年配者は応用が効く」と、昔からやっている人をリーダーにして、機械は若手が二名というチームづくりも提案し、作業が円滑に進んでいる。彼の名刺には、スイングタワーヤーダが描かれている。

同じ四一歳の総務係長の三谷幸寛さんの名刺には「森林組合は森のお医者さん、健康な森づくりのお手伝いをします」と書かれている。一九歳で組合に入り、造林と事務を主務としている。「植えて育てたい」というのが口癖で、「これからの時代は、地域・流域の市民との協働作業が〝組合の命綱〟」と言い切る。

間伐実績二億五〇〇〇万円の秘密

香美郡内を流れる物部川は、流程がたった七一kmなのに海までの落差が一七七〇mもある。一九九五mの高さの剣山に降った雨が刻んだ川だからだ。この川は、水量が豊富であったために古くから農業用水として着目され、一六四五年には山内藩の家老であった野中兼山によって三叉水路が開削され、以来三四〇年以上、県内の農業地へ分水されてきた。

近年は、その上に県営ダムが三つもつくられ、それゆえ「名川ならぶ高知で一番哀れな川」となっている。漁業組合の海産アユの釣れる水域はたった一二kmだけだが、三つの農業用水路に分水されるため、川にはほとんど水がないという状況が常にある。河口部の八km区間に届く水は、なんとたった一トンである。

減水は、水質の悪化によって悪臭も発生させる。しかし、この川に一九九一年には日本大学農獣医学部水産学科卒の漁業組合参事が誕生した。そして一九九八年にはこの岩神篤彦さんが組合長となり、今日までのおよそ一五年の間に、森林組合や流域のあらゆる団体が物部川のために協働する仕組みをつくり上げてきたという歴史がある。

この〝高知一哀れな〟物部川のために、森林組合の三谷さんが考えた林業メニューが「河ノ内川流域の水辺林整備」だった。対岸は広葉樹の多い物部川の源流、河ノ内川の人工林を列状間伐し、六〇から四〇％の間伐を施して森からきれいな水を出して、物部川に清い水を与えようという取り組みだ。

川の組合に、森の組合が力を貸して、流域を共に支えるという〝新しい森林整備〟の考え方だ。

小さな、民有林が九二％を占める森林組合が「道」「機械」「人」の三点セットで、一㎥当たり六〇〇〇円もの生産経費を低減し、二億五〇〇〇万円という間伐実績を上げ、川の浄化にまで手を貸すということができているのはなぜか。

山元の森林組合が「できていることが普通な〝森林組合〟」に早く立ち返ることは、私たち日本国民全体に求められていることではないだろうか。

森をつくる、家づくり

木材コーディネーター　能口秀一さん（兵庫県）

「木材コーディネーター」とは、まだ聞いたことのない肩書きだ。おそらくわが国では能口《のぐち》秀一さんが〝一閃《いっせん》の嚆矢《こうし》〟ではないだろうか。

能口さんは、アマゴ釣りが好きな〝夢見る青年〟だった。高校までを宝塚で育ち、京都の立命館大学へ。卒業後は「写真で食ってゆければなあー」という想いを持っていたが、二十九歳で妻と子ども一人を連れて丹波へIターン。求人誌で休みの多い製材所「おぎもく」に就職した。「国産材の建築部材ならなんでも挽きます」という会社だった。

三人の出会いが新しい〝森の仕事〟をつくった

丹波地方は、低山で小渓流が多い。フライフィッシングロッドを車に乗せておいて、会社の行き帰りにも釣りを堪能できた。

しかし私も釣師なのでわかるのだが、飽きるほど釣ると、数年で目が醒める（中には例外もあるが……）。そして両目が開《あ》く。川と魚だけを見ていた右目だけでなく、自分には左目もあって、それは「森を見ていた」ということに気づくのだ。

能口さんにとっての転機は、二年目に訪れた。買いつけ担当者が退職したので、「一人でセリに行って買ってこい」と社長に命じられたのだ。原木市場のセリには普通、海千山千の製材所の社長らが来て、「いかに良い山を安く買うか」の駆け引きが飛び交う。そこに、買いつけのシロウトが放りこまれたのだ。

「安く買う技術」を学ばされた。製材所の社長らは教えてはくれないから、ライバルに勝つ楽しみで笑う顔を見て、一つひとつ学んでいった。しかし「補助金をもらっても山の方は合わない」現実を見ると、「何かちがう仕組みを山のためにつくるために自分は何ができるか」と真剣に考えるようになっていった。

八年目に、県の土肥恭三さん（現・兵庫県社《やしろ》農林振興事務所森林振興課課長補佐）から声が掛かった。「県がつくるシステム〝かみ・裏山からの家づくり〟に参加してくれないか」というものであった。

各県に「流域林業活性化センター」をつくる林野庁のメニューに、兵庫県では産・学・官共同で「センター」の事業として「加古川流域森林資源活用検討協議会」をつくり、森林の活性化を目論み、それに参加する元気なメンバーを探していたのだ。

能口秀一さん（四一歳）と、一級建築士の安田哲也さん（三六歳）はこの協議会で親交を深めていった。

京都の工芸繊維大学の建築科を卒業後、建築家・長坂大さんに師事し、三年目にふるさと丹波の設計事務所に就職して六年後に独立をしていた安田さんは、「協議会」が『サウンドウッズ』という立木販売システムをつくりあげてゆく過程で、能口さんと意気投合し、二年後に二人で会社をつくるに至った。そして自分の大学時代の友人でグラフィックデザイナーの和田義仁さん（三七歳）を仲間にひき入れた。

こうして、「木材コーディネート」、「建築設計監理」、「ウェブ・グラフィックデザイン」の三拍子がコンパクトに揃った『（有）ウッズ』が二〇〇四年に誕生したのである。

木材コーディネーターが食える国に

三人が、会社ができる前に一緒に仕事をした「サウンドウッズ」の、スマートなカタログには、こんな言葉が書かれている。

「Ｓｏｕｎｄ ｗｏｏｄ（ｓ）は、主旨に賛同する森林所有者から提供された立木を、森林の維持管理費に見合った適正な価格で、住宅の建主が直接購入する販売システムです。販売で得た売り上げの一部を森林の維持管理にあてる「森づくり」の約束を、立木の提供者は購入者との間で交わします。

図表9　一般的な流通モデルとコーディネーターによる流通モデル

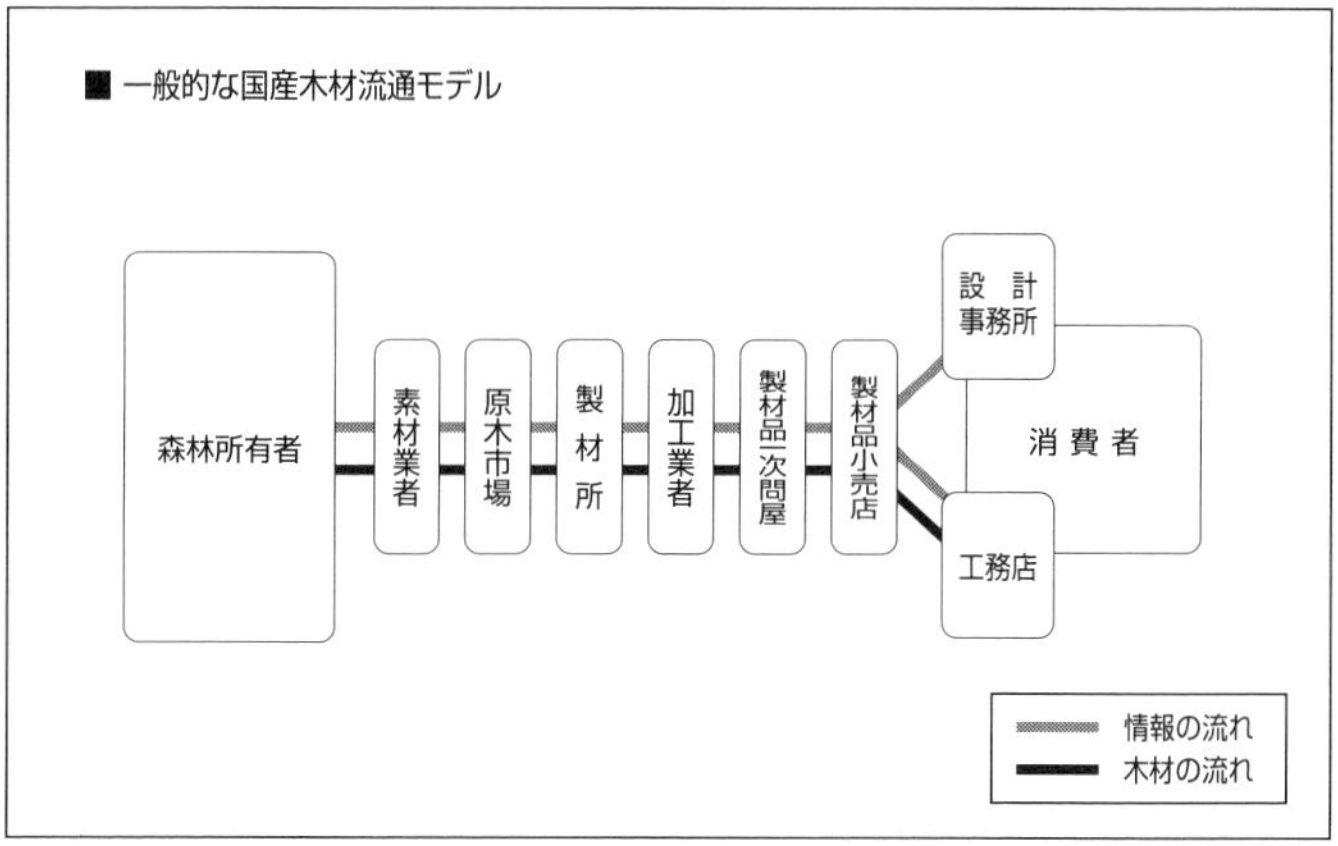

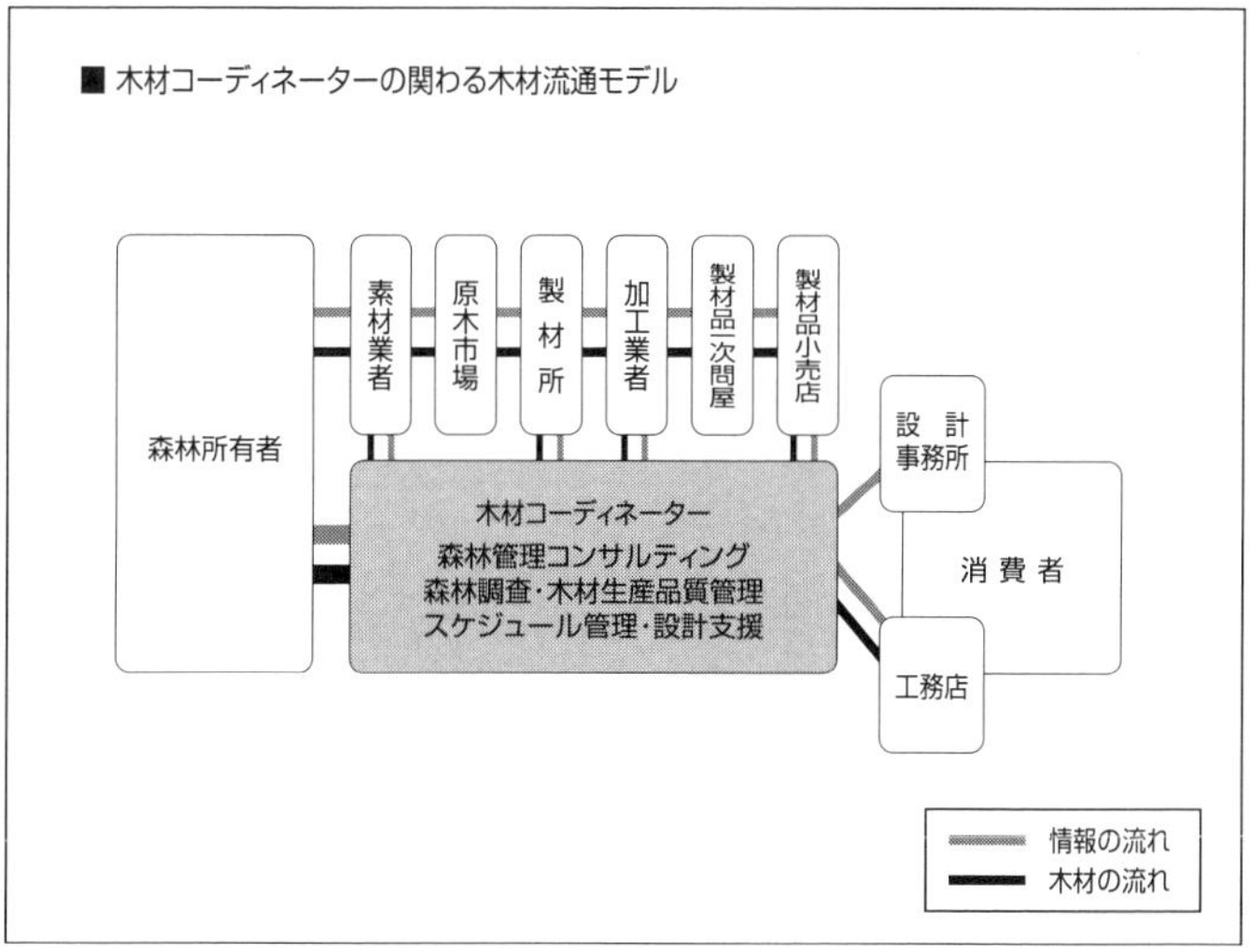

立木の購入者は、「家づくり」をとおして、「森づくり」に参加できる仕組みになっています。

〈立木販売価格について〉

この販売システムで立木価格の基礎になったのは二酸化炭素吸着量です。立木を二酸化炭素回収装置と考え、スギやヒノキが固定した二酸化炭素の量に、火力発電所における二酸化炭素回収コスト（一万二七〇四円／CO2―t、日本学術会議答申による代替法）を乗じたものを立木価格に反映しました。

以下の価格は、木材相場に影響されない固定価格です。

スギ　七三五八円／㎥

ヒノキ　九二九一円／㎥」

「流域林業活性化センター」を全国につくるという林野庁のメニューを使って、異なる三人の才能を結びつけて「木材コーディネーター」という職業を誕生させたのは、県に土肥さん（四六歳）の他に、柴原隆さん（四八歳・土肥さんの同僚）と、小竹山直樹さん（四五歳・柏原農林振興事務所森林林業課課長補佐）という三人の能吏がいたからだろうと私には見える。

取材をした二月十四日に、能口さんと柴原さんが、「サウンドウッズ」の森林所有者の一人である山口祐助さんのサポートで行っていた立木調査は、柴原さんが県の産業労働部の「地域循環型ビジネスモデル創出支援事業」から見つけてきたメニューだ。一本一本の木の一ｍごとのデータが、これでコンピューター入力できる。

三人の異なる才能を持った「森を愛する」プロフェッショナルが、兵庫県の森を「使っていって元気にしてやる」使命を帯びた官吏たちと出会い、〝木材コーディネーターという職業が食える日本〟を創出してゆく予感がする。

兵庫県は二〇〇六年春から「県民緑税」を導入した。総額二一億円になるそうだ。二月議会には、森を団地化し、高密度路網をつけて、持続可能な循環型林業を確立するメニューも掛けられた。

「家をつくる人と一緒に、森をつくる」、こんな思想の元に働く仕事人と、それを支援する役人。

「補助金」をつけて〝護る〟べき現実があったにせよ、ともすれば「甘やかしすぎ・甘えすぎ」であったこれまでの林業の歴史。それを変えたいと思い始めた人が〝まっとうな〟努力すれば報われる日本に、したいと思う。

〝くふう〟を続ける林業人生

泉忠義さん（熊本県）

一九九〇年に西日本で初めて、イワフジのGP30プロセッサを林業の現場に入れた（有）泉林業は、その後も最新鋭機を次々とメーカーに開発させ、作業者十二名で十三台もの高性能機械を持って、林業の低コスト化のお手本となってきた。しかし、意外なことに、機械化のきっかけは「安全」であった。

「安全が総てに優先する」を、コストカットとともに進めてきた男《ひと》の〝くふう〟を追ってみた。

安全は全てに優先する

人吉盆地に特有の朝霧の中、雨も降っている。この霧や雨が、この地の森林資源を豊かに育ててきた。泉忠義さんが一九五五年からここに住みついているのも、緑の資源があったなればこそのことだったろう。

雨足が強くなるが、ラジオ体操の放送が始まると、全員が外へ飛び出して身体を動かし始めた。

一九六九年に架線の現地で作業員一名を失った泉林業は、以来その中岳清美さんへの年一回の墓参を社員全員で欠かさず、「安全は全てに優先する」を社是としてきた。

　二〇〇六年三月一日七時からの朝礼は、社長・泉忠義さんの訓令から始まった。

「この五年五か月、ゼロ災だったね。〝山の神〟と皆さんの努力のおかげ、珠玉たい。しかし、先月の皆さんの報告書を見せてもらったが、『ヒヤリ』『ハット』があったと書き込んでいない人が多いのは、おかしかないか。少々のことでは驚かんでは、いかん。現場では、とぎすまされた神経を持ってほしい。一か月に三回から五回は『ヒヤリ』や『ハット』したことがあって当然のことと思う。どうか『安全はすべてに優先する』を、今期末の今日、あらためて認識してほしい」。

「次は決算報告ですが、近年の我社は三億五〇〇〇万円から二億円くらいの総収入でしたが、二月末の今年の決算は、二億円を初めて切りました。私と妻と息子は、黒字になるまで三人で一〇万円の減俸とします。しかし、今年も二〇haの自社林への植林は実行します。車のエンジンは十分かけると一〇〇円の燃料費。『入《い》る』が少なくなっている時は『出す』を抑えるが理《ことわり》。今月の指標は〝工夫しよう・無理無駄をなくしてゆこう〟とします」。

　今日の担当が黒板の前に出て、両足をふんばり胸を張り「工夫しよう」「無理無駄をなくしてゆこう」というと、全員が続いて唱和し、最後に「よし！」と指差し呼称して朝のミーティングが終了し、四班の作業員はそれぞれの車へ散って行った。

泉忠義さんは若いころから、人よりいつでも二倍ほどの仕事をして、樵《きこり》から泉林業を立ち上げてきた。その人生を見ると、いたるところに〝くふう〟がこらされてることがわかる。

たとえば、この会社には四WDの乗用車は一台もない。「四WDと思えばそれに甘えるが、そうでなくても車の性能はいっぱいまでひき出してやれば動いてくれるもんだ」というわけだ。その一方で、高性能機械では、「日本一」や「日本初」の車輌がたった一四名の会社に複数ある。「イワフジ」の技術陣と首っぴきで、プロセッサを日本で最初に自由自在に使いこなすことができたのも、この人だ。

ヨーロッパの高性能機械に注目したのは、作業コストの軽減もあるが、労働災害の八割が、自社も含めてチェンソーに起因することに注意を払ったからだった。小さなことを見逃さないという態度が終始一貫している。これが〝くふう〟を生む。「作業員が雨に濡れないで仕事ができるようになれば、若い人も林業に入ってきてくれるのではないか」と考えると、すぐにメーカーにそのような機械をつくらせる。

コストカットについても、「林業が生き残るには何が必要か」という、自社だけのことでなく業界全体のことを常に頭の中で考えておられるので、実に合理的だ。機械の動かし方、材の積み方一つも無駄なく考え抜いてあり、林業の進歩に役立っていると、数日間一緒に山に行かせてもらったただけでもわかった。

そして、伐採跡の山を見ると、この人がなぜに愛媛から来て、人吉という、藩政時代の権威をいまも持つ〝山持ちだんな衆〟方の信用を得て、搬出をまかされているかがよくわかる。山がきれいなのだ。他の搬出業者の作業山と比べてみると一目瞭然。それはすなわち、山持ちさんが次の植林のための〝地拵《ぢあつら》え〟（立木を伐採した跡を苗木を植えられる状態にすること）費をかけなくて済むということであり、ここでもだんなのためにコストが計算されているから、泉林業に仕事がゆくということなのである。

七七歳のガッツが光る

山にゆく道中で泉さんに私は質問していた。「泉さんの教えは、あの社員の方々に伝わっていて、あなたがいなくなっても泉林業はあると思いますか（ずいぶん失礼な質問だ）」と。泉さんは笑って「どうでしょうか」とおっしゃっていたのだが、私の心配は杞憂だった。作業現場を見れば、毎日のミーティングが山仕事に反映していることがわかった。

泉林業は、「国有天然林伐採」で良い時代があり、その後は「葉枯らし乾燥（伐採した木の枝葉をつけたまま山に放置して、葉による蒸散作用で乾燥させる方法）」「全量直売」「高性能機械導入によるコストカット」で年間一万七〇〇〇㎥程の素材生産を続けて名を馳せてきた。

しかしいま、初めて売り上げが二億円を切るという状況を迎えている。素材生産量は変わらないが、木材単価が急落しているからだろう。二〇〇五年は、購入を予定していたがそれが相手の事情変更で買えなくなり、それでも長年の仕事先との「ほぼ全量林齢五〇年」の約束を守るために自腹を切るということもあった。泉さんは「それでも泣き言をいわず信用のために身を張る」ことが林業人生だと胸を張る。社員の誰よりも少ない自分たちの給料をカットするというのは、意地ではなく、〝生き様〟なのだ。

第一章で報告したように、「国有林」が動き出している。今後は、国有林以外のまとめにくい小規模森林所有者をまとめてゆくという手のかかることにも取り組みながら、高密度路網や高性能小型機械を駆使してコストカットをいかに進めるかなどが林業には求められてくる。いってみれば、泉さんがしてきた努力を誰もがする時代になってゆくのだ（そうでない人ももちろんいるだろうが……）。

二〇〇六年九月に七七歳の喜寿を迎えた泉忠義は、〝もうひとふんばり〟するにちがいない。社員もしっかり育っている。様々なところへ修行に出していた一人息子さんも、「岐阜の熊崎実先生の〝森林アカデミー〟を卒業してからは林業がわかって好きになった」と自覚している。この息子さんに、三五〇町歩の自社林の使い方を考えさせてみてはいかがだろうかと生意気ながら進言してみた。

聞いている泉さんの瞳がキラリと輝き、この〝御大〟がちっとも気を悪くしていないことが私にはわかった。これが「泉忠義」の真骨頂だ。どんな人の言葉からも吸収しようというガッツ。

二〇〇五年三月に出版された泉さんの『林業わが天職・ゼロ災で低コスト林業に挑む』（全国林業改良普及協会）にはこうある。

「八〇％を超えて輸入される木材が総て悪ではない。国産材と調和を計り、節度ある輸入で共存する工夫が大切である。一〇〇〇万haという、しかも伐期に達した立派な資源が足元にあるのだから。

発想を変えて、既成の概念を捨て、植えることも、生産・加工・流通・トータルでの低コスト林業にも本気で取り組むべきではなかろうか。それができるのは、若い優秀な人材である。急がば回れ。北欧並とはいわれないが、それに近い人材の養成が急務であり、森の声が聞こえるプロの技術集団を育てることが、外材とも人間様とも動物とも森とも共存出来る道ではないだろうか。『生半可では出来ないぞ、しっかりやれよ、歳は足りるのか』とまた森からの声がした」。

泉さん。いまこそ林業にあなたのあらたな助言が求められていますよ。もう〝ひとくふう〟お願いします。あなたの足元にも、人材は育っています。御一緒に〝緑の時代〟をつくるくふうを致しましょう。

トップが動く

木村良樹和歌山県知事（和歌山県）

〝緑の雇用〟を平成十四年度事業として小泉総理からゲットしたあとも、和歌山県知事は次々と山へのホームランを飛ばし続けてきた。

知事が動くと、山元まで「緑の政策」がよく伝わる。

勇気と先見性

朝日新聞大阪本社版は、二〇〇六年五月一日朝刊の一面トップを「和歌山県が都市計画道の前面見直しの方針を決めた」とのニュースで飾った。

未着工の一一〇路線、計三五八kmについて、廃止も含めて全面的に見直す。人口減に伴う需要の低下や財政難などが理由で、地域の実情を再調査して「身の丈に合った道路を整備する」のだという。未着工路線すべてを見直すのは都道府県では異例のことだろうと山尾有紀恵記者は書いている。

公共事業ストップではこれまで、中部ダムを止めた片山善博鳥取県知事。「あとひとつトンネルを抜けば完成する」林道を止めた増田寛也岩手県知事。「〝脱〟ダム宣言」の田中康夫長野県知事が名高いが、小泉総理が大騒ぎしても止められなかった〝道路〟を「全面見直し」とはさすが木村良樹知事。

不必要な公共事業を国に向かって「いらない」という勇気のある知事は全国でもまだ数人だが、その言い方も難しい。和歌山県は「身の丈に合った道路という考え方なら国の理解は得られる」と考えているようだ。

実は、橋本龍太郎内閣が〝財政改革〟をしていた時には、自治省が異例の「通達」を出して、「（委員会を設置するなど）手順を踏んで公共事業を止めるなら、それまで国から受け取ってきた補助金を返却しないでよい」とした。

財政難なのに、これまでのように公共事業を「三割自治（地元は三割しか出さなくてもよい）」で出し続けていては国の財政が持たない。途中まで進んでいる事業でも地元がやめやすいようにという判断だった。

和歌山県は道路に、この「通達」を生かすのだろう。そう必要とは思えない事業を整理して、本当に必要な事業に税金がまわるようにするくふうが、知事の腕の見せどころだ。

朝日新聞はその数日前の四月二十七日朝刊でも、「和歌山〝第二の人生〟誘致」と、県とパソナとの提携事業「わかやま田舎暮らし」コーナーのネット開設を紹介している。団塊世代の大量退職を控え、田舎暮らしにあこがれる都会の中高年を和歌山へ呼びこもうとの狙いを新聞にきちんと書いてもらえる努力が県庁でなされているということだ。

二〇〇二年度のメニューとなった「緑の雇用」は、小泉総理が〝改革の痛み〟と称したリストラに対して手当てされる緊急雇用対策（リストラにあった人に六か月の仕事を与えた）に「森林整備」を加えるというもので、四二億円が交付された。

翌年は和歌山県で「林業就業支援プロジェクト」を関係省庁むけに提案し、財務省から林野庁に九五億円の満額回答が出た。この年、和歌山県では「緑の雇用」による都会からの人口流動を促進するため独自に五億円の予算を組み、中山間地域に県単独事業で住宅を建設して、I・Uターン者に月額一万五〇〇〇円から二万円の家賃で貸し出した。「紀州材の新しい家がこの価格で借りられるなら、早めのIターンもいいな」と好評を博し、「緑の雇用」が本格的に動き始めた。知事も、大阪府副知事時代に培った企業や労組とのつきあいを生かして積極的なトップセールスを展開した。

次に、木村知事が取り組んだのが「企業の森」だった。「大阪ガスの森」、「JTの森」、「セイカの森」の他、「ユニチカの森」「関労ふれあいの森」といった労働組合の森づくりもある。

都会にいた時よりもずっと幸せ

和歌山県美山村森林組合は、「緑の雇用」以前より旧・美山村（現・日高川町）の「グリーンキーパー制度」を活用していた。一人二年間、旧・村からの補助が半額で、Ｉターン・Ｕターン者に〝森仕事〟をしてもらおうという制度だ。いまは一三名が、この制度を利用して美山村に定住している。

伊藤幸治さん（三六歳）は、初年度の一九九五年に「和歌山県森林組合連合会」の紹介で入村し、こちらで結婚した。

中本毅さん（三五歳）は、二〇〇〇年に県庁に電話をして「グリーンキーパー制度」を知った。子ども三人を美山村で育てている。

この制度は、森林組合の指導者一名に三名のグリーンキーパーがついて、枝打ち、間伐、伐採作業を習得するものだ。取材をした日は、伊藤さんと中本さんが、前日に「企業の森」事業としてセイカグループの社員さんたちが伐採地に植えていた苗を安定させる作業をしていた。これはベテランと中堅の組み合わせだ。

美山村森林組合には「緑の雇用」での入村者も一四名いる。永田聖さんと美香さん夫婦は、二〇〇五年四月に大阪府茨木市からやってきた。和歌山市内で行われた和歌山県内の森林組合の「緑の雇用」募集の合同説明会にリクルート社の「ＩターンＵターンＢ‐ｉｎｇ」の広告を見て出かけ、組合ごとのブースを見てまわり、「美山」の名に惹かれて現地へ行き、ここに決めた。森林組合参事の下西千秋さんが合同説明会のブースで親身になって相談に乗ってくれたことが、すぐに現地へ行く行動につながった。聖さんは木工が好きで、アウトドアやキャンプに興味があったが、それだけでは田舎暮らしは続かないと「覚悟」を持っていた。山の仕事は最初はしんどかったが、一年経つと体力がついてきて、朝七時二五分に出発し、夕方五時三〇分に帰宅する生活は「妻と二人の時間が充実してあり、二人とも都会で働いていた時よりもずっと幸せだ」と胸を張る。妻・美香さんは、好きな野菜や花づくりができ、イチゴ農家を手伝って副収入もあり、笑顔が絶えない。

「企業の森」で森林再生、その次は?

和歌山県は、一九九八年には五七歳であった森林組合の作業班員の平均年齢が、二〇〇四年には十歳若くなって四七歳となったことが自慢だ。「緑の雇用」は、着実に効果を上げているとわかる。二〇〇四年は「紀伊山地の霊場と参詣道」が世界文化遺産に指定され、「企業の森」応募が増えてきたが、知事は、一二〇数社の人事担当や労組担当に自ら説明するというトップセールスもやってきた。

皆伐したまま植栽されず放置された山を「企業の森」とし、企業や労組の社員と家族に一本一本植えてもらい、環境保全機能の高い森林に再生するというのがいまのスタイルなのだが、私は木村知事にもうひとくふうおねがいしたい。二〇〇四年度の「森林・林業白書」は「我が国の森林は『伐らないで守る時代』、『植えて回復する時代』を経て、『成長した森林を活かす時代』に入っている」とした。

たとえば、「セイカの森」でお父さんと一緒に広葉樹を植えた女の子。この子の目に入る植樹風景は、皆伐されている山の斜面と、自分が植えた広葉樹。おそらくこの子は毎年、お父さんお母さんとこの地を訪れ成長して、「森を大切にしてくれる人」に育つだろう。それもいい。

しかし、もしこの子が行った作業が、間伐を必要とする暗い人工林へ入ってゆき、森林組合員となった「グリーンキーパー」や「緑の雇用」のお兄さんが格好よく木を伐り倒し、伐った木々の間に、自分とお父さんがグリーンキーパーに手を貸してもらい木を植えてゆくというものであったとしたら、女の子は成長するに従って、「日本の人工林には間伐が必要で、自分とお父さんは間伐材を使って和歌山の木で家を建てよう」と考えるようにならないだろうか。

木村知事に、知事室で、徳島県美馬市小屋平の「(株) ウッドピア」の皆さんの、六八歳の〝森の達人〟から二五歳のIターン作業員への知恵の引き継ぎが、「緑の雇用」のおかげで可能になったとお話しすると、大変喜ばれた。

「そうか。僕が北川さん（正恭・元三重県知事）と提案した『緑の雇用』が、そんなふうに使ってもらえて、全国の小さな山里に若い人が入っていってるんや。うちの和歌山だけとちがうんやと聞いて、こんな嬉しいことはないわ」。

大阪府池田市石橋に生まれ、都市と田舎の中間点で成長し、釣りが好きになった良樹少年は、日本の森林を底から持ち上げる「緑の政策」を出し、日本の〝森林県連合〟のリーダーシップをとってくれている。

その「和歌山県」の「次なる行動」が、全国に待たれている。

北海道の間伐材を建築に使う

ハウジングオペレーション（株）京都支社と篠田潤さん（京都府）

「森を建てよう」をキャッチフレーズに、北海道の人工林間伐材を使って家を建ててきたのが、北海道が本社のハウジングオペレーション（ＨＯＰ）。社長・石出和博氏のねじれの多いカラマツなどを使う工法のくふうは、二年前にできた京都支社でも古民家再生に生かされている。京都支社を立ち上げた若き支社長・篠田潤さんを取材した。

初年度三〇〇〇万円、二年目一億五〇〇〇万円、三年目は三億円

篠田潤さんは、二七歳で、ハウジングオペレーション（通称「ＨＯＰ（ホップ）」）株式会社の京都支店長を務めている。

ハウジングオペレーションは、六〇歳となった社長の石出和博さんが、一九八四年に札幌でアトリエアムという一級建築士事務所を開設し、その後アトリエアムの施工を主に担っていた藤田工務店を吸収し、一九九七年に両社を統括するＨＯＰを設立したもので、一社の中にデザイン・企画・施工の三部門を持つ異才な住宅建設会社として知られる。林野庁長官賞や経済産業大臣賞

も受けている。グループ社員一〇〇余名のうち、職人は四〇名、技術系社員四五名。社内には、乾燥・製材工場や、建具や家具までを製作する工場も備えている。

林野庁とは、国有林から出る直径二五cm以上の間伐材をすべて相場価格で買うという協定を結んでいて、国産材を使って家を建てることをポリシーとしている。「森を建てる」というこの社のキャッチフレーズには、日本の森を使って家を建てている人間たちの生活を成り立たせる社会活動を行うのだという気概も見える。

二〇〇三年四月一日に開設された、京都市役所前の本能寺会館の中央に陣どる京都支社には当初、その三月に伏見で完成したK邸でのオープンハウス（完成後のお施主さんの家を借りて公開説明すること）に集まって下さった八〇名の名簿と、支社長を入れてたった三名の社員しかいなかった。最初の年の売り上げは三〇〇〇万円。二年目は一億五〇〇〇万円。三年目の二〇〇五年は三億円。

篠田潤さんと、二〇〇五年九月に篠田さんの伴侶となった石出陽子さん（石出和博社長の二女）は支社開設時からのメンバーで、二年目の一億五〇〇〇万円の売り上げは、二人が京阪神に散らばる八〇名のオープンハウス時の来客宅を一軒一軒訪問してお礼を述べて歩き、獲得した仕事だった。

北海道産材を京都で使う

石出陽子さんは、幼いころから建築家の父の仕事を助けたいと思い続けて育ち、伝統建築を奈良や京都に学び、いまは北海道で一番多く茶室を手掛けている〝信長〟好きの父が、憧れの地・京都で、本能寺会館のど真ん中に支社を構えることを勧めた。そして、自分が支社創設メンバーとなることを志願しただけでなく、大学を卒業した二〇〇二年には「日本エル・シー・エー」というすぐれたコンサルタント会社に自ら修業に入り（求人倍率は三〇人の募集に五五〇〇人という高さ）、そこで出会った「日本エル・シー・エー」で将来を嘱望されていた人材（篠田さん）を、父のために連れてもどるという〝離れ技〟をやってのけた根性者。しかし、会社でも二人の家庭でも、裏方を努めることに徹しているけなげな女性だ。

お父上の若いころにそっくりな行動を取り、特別な勉強をしたわけでもないのに家のデザイン画もすらすらと描いてしまう篠田さんの〝天分〟を信じているのだろう。長岡京の大垣邸をデザインした彼のスケッチを見た私も、天分を感じた。ハウジングオペレーション入社五年目のこの京都支社長の最新作が、大垣邸である。ブナの木を使った玄関、構造材にはカラマツ、床材はナラ、天井にはシナ、化粧材と建具にタモ、オリジナルのキッチンとサッシにはブナ。木目や節にこだわって素材を吟味している「木使い」は、木の特性を熟知しているからできるもので、これが建築に関わってたった四年でやってこなせるのは、この男《ひと》にもともと、日本の木を愛する素質が天性として備わっていたからとしか思えない。ハウジングオペレーションの社長の石出和博氏もそんな男であることを、私は何冊かの自分の著作で紹介している。

父が父なら、娘も娘。そして、見い出されてくったくなく二五歳で支社長に就任し、年長のデザイナー陣を率いて、北海道産材を中心とした国産材を使いこなす家づくりを、人を見る目の日本一厳しい京都で（私は京都をふるさとに持っているのでよくわかる）、やりこなしている篠田潤さんにはおそれ入る。

しかも、気むずかしい京都の棟梁たちとも堂々と議論して、技術論で納得してもらい、よい仕事がしてもらえているのだ。

京都での古民家再生は、茶室づくりを京に学んだ社長・石出和博氏が、京建築の伝統の内側を学ぶために率先して取り組んできたことだが、いまでは篠田さんも、その伝統工法の秘密を少しずつだが解析しつつある。「技術は見て盗め」が職人社会の鉄則だが、その職人を見て学び、教えを乞うて成長しているのだ。

グループ力で「森を建てる」

ハウジングオペレーションは、「新ＨＯＰ工法」という実用新案を持っている。往年の三倍の強度を持つ特殊継手金物を使って、ねじれの多いカラマツの割れやねじれを防ぐ乾燥方法で製材した材を組み立てる。材と金具を製品にしてから現場に持ち込むから、あとはそれを組み立てるだけ。施工日数が三分の二になるから、施主さんの負担は軽くなる。その分の予算をデザインにかけられる。

以前は、国産材の家を建てるというと、大工さんが天然材にこだわり、奥山の天然林の乱伐が心配されていた。そしてそれは、材料費も高かった。しかし施主さんは、「人工材や間伐材がいや」といっていたわけではなかった。デザインや建築をする人間が、「人工林間伐材を上手に使うと、海外の森林を破壊しない国内材で、安く家が建てられる」という〝真実〟を、施主さんに教えなかっただけだ。

北海道芦別に生まれた石出和博さんは、北海道産業短期大学建築学部を卒業後アサヒビールに入社したが、どうしても建築家になりたくなり、茶室を手掛ける藤田工務店に入社して腕を磨き、アトリエアムを設立するに至った。

ふるさと芦別《あしべつ》は炭鉱の町だったので、坑道に使う、成長の早いカラマツが第一次世界大戦時から植えられ、一方、戦後は国策で、家具材やドア材にできるナラ・セン・カバなどの立派な天然林が、アメリカなどに輸出するために乱伐された。豊かだった芦別の森はまたたく間に丸裸になった。その後もまた国策として成長の早い木を植え、紙の原料となるパルプを生産するように指導された。しかし、いくら成長が早いといっても寒冷地の北海道。木が育たないうちに、木材業界は赤字の悪循環に陥った。そしてその後二〇年間、山は手つかずになっていた。

石出さんは四五年前、高校生の時にカラマツを植えるアルバイトをした。そのカラマツ林が手入れがゆきとどかず風で倒れそうになっているのに誰も手をさしのべない。

森林率が七割を越える北海道の森。この森がきちんと活用できるようになれば、北海道の「経済」が甦ることは誰が考えてもわかることではないだろうか。しかしわかっていても、誰も取り組まなかった。おろかしいことに、間伐材をチップにすれば補助金が出るという安易な制度もあった。

「誰もやらなくても、俺はやる」。こう決意した男がいた。それが石出和博さんだった。北海道林産試験場との共同研究により、それまでは建築材として使用が難しいとされていたトドマツ間伐材を乾燥させる工法を開発し、伐採・製材・乾燥を一括して行いコスト低減すると共に、安定的な資材確保を目的に、ふるさと芦別の森林業者を組織して「新住宅システム開発協同組合」をつくってきたのだ。

デザインの優れた高品質住宅をコスト低減の元に建築するくふうが、ハウジングオペレーションの〝真骨頂〟だろう。

伝統建築のふるさとである京都で、京都支社のデザイナーたちは営業も行う。その時彼らが自慢するのは、北海道の建築会社だから持っている高気密高断熱の技術が、盆地で湿気が強く暑い京都だからこそ生かせることと、「森を建てる」の気概を持って家を建ててきた、デザインを中心にすえた自分たちの〝グループ力〟だ。

たった二七歳の男が、それを率いることができている。「森を使える」という〝希望〟が、ここには見えるではないか。

あとがき

シューベルトの「野ばら」が、朝六時に私を起こす。高知県仁淀川《によどがわ》上流域にある仁淀川町池川地区の集落放送だ。外は雨。「野ばら」と川の音と雨が競演している。この雨がこの町を森林率九七%の集落にしている。かっては九〇〇〇人が森林で食べていたというが、いま、人口は二〇〇〇人で、高齢化率も補助金負担率も医療費も高知県で一番、高い。田んぼは全部で二町歩しかなく、人々は四本の川にへばりつくように居を構えている。

それでも、住民は〃未来〃を信じて明るく生きている。私は五年前に講演者として呼ばれて以来、この地の人々と「池川の〃緑と清流〃を再生する会」をつくり、木質バイオマスエネルギー、近自然工法で川を甦らせること、微生物で川と生活用水の浄化をし農産物もその微生物でつくること、この「緑と清流の町」をアマゴやアユの力を借りて振興させることの、四本柱をテーマに勉強を続けてきた。

私が借りている住宅は林野庁の営林署官舎跡で、林野庁が赤字のために統廃合される前から入居者が減っていて、町が買い取ったものだ。

二〇〇〇年からこの町に通うようになった二年後に私は、カナダのブリティッシュコロンビア

（BC）州に飛んでいた。BC州の人々は世界に六〇年以上もカナダで一番材を出し続けていたのだが、政権交代があり、環境重視の政党を選挙で選んだと聞いてからだ。ビクトリア大学のトム・ライムヘン教授が、サーモンが自身の身体で森に運んでいた元素（海に多い窒素15）が、クマによって森に運ばれて森の栄養になっていたと発表し、BC州の人々はその重要性を理解する野党に一票を入れて、政権が変わったのだ。新しい政権は「切り株税」というのをつくり、その税金が川を「近自然工法」（自然にある材料で自然を再生する）で甦らせていた。一本一本の木を伐る時に税金がかかるのだから、木材会社にはめいわくな話だ。しかし、州民はそれを支持したのだ。だからいま、BC州では材が出にくくなっているのに驚いたと話している（第一章で銘建工業の中島さんも二〇〇六年にアメリカに行って、材が出にくくなっている。世界中で「森林政策」は大きく変わりつつある。木は今後ますます「大切なもの」として扱われるようになるはずだ。カナダで小さな材しか出なくなっているのを目にしたとこの本で語る林野庁の山田壽夫さんには、こういう視点も持って調査をし、より深く考えてもらいたい）。

池川の人たちは、このBC州の話をすぐに理解した。さすがに「森の民」だなあと思った。

二〇〇三年には、京都大学に「森里海連環学」が誕生した。二十世紀に森と川と海のつらなりやつながりを殺してしまった人間が、里から、森と川と海の連環を取り戻してゆくための思想だ。

これも、池川の人たちはたちまち理解した。そして驚いたことは、多くの高知県民もこれを理解してくれたことだった。

この学問のために、クジラからは〝魚付き林〟と見えるであろう高知県横浪《よこなみ》半島の閉鎖されかけていた「子供の森」のセミナーハウスをつぶさずに、京都大学に貸してあげてほしいと橋本大二郎知事にお願いすると、橋本知事はたちまち承諾し、県庁記者クラブはこぞってそれを書いて、後押ししてくれた。

横浪半島をランドマークとする仁淀川では、流域住民と森と川と海の組合と農協も、この学問を支持すると表明してくれた。

また、いま、同じ高知県の物部川流域では、ビニールハウスの加温農家の皆さんが、石油の高騰に苦しんで、私と一緒に「木質バイオマスエネルギー研究会」をつくっている。重油ではなく、〝森のエネルギー〟を使う勉強を始め、一万個ある高知のビニールハウスで、森の副製品を燃料しようというのだ。私は毎月必ず出席すると約束して、飛行機に乗って通っている。

「日本人も捨てたものではない」のだと、私は高知県人から〝勇気〟を与えられた。

あの河川官僚の皆さんは未だに二十世紀の「あやまり」を認めようとしないが、私は「怒っていないで森へ向かおう」と一人思った。列島の山元では、農業をやりながら森の面倒も見てくれる男《ひと》の最少年齢がすでに六五歳を越えていると見えたからだ。

そこへこの春、林野庁九州森林管理局の皆さんが、私に〝希望〟を与えてくれた。しかし、この路線が一歩間違うと、林業は「再生」するどころか、強者が弱者をつぶしてしまうだけの「小泉サン流の改革」になりさがってしまう。そして、その時は「林業が死ぬ」時である。それではいけない。

池川のような究極の山村過疎地の人々が幸せに死んでゆける日本であってほしいと私は思う。私自身も、いまとはちがう「もうひとつの日本」を見てから死んでゆきたいと願う。

今日は、私の五三回目の誕生日である。また、池川の友に励まされて「緑のための本」を上梓できたことの幸せを思う。

今回の出版を「農文協から」と願ったのは、農文協が『若者はなぜ農山村へ向かうのか』などの本をすでに刊行しており、林業者だけでなく、Iターン、Uターンを望む都会人や一般市民にも、私のこの本を届けられるのではないかと考えたからでした。

急ぎの出版を準備してくださった農文協書籍編集部長の金成政博さん、フリーランスの戸矢晃一さんには編集をお手伝いいただきました。第四章や一部の原稿は、二〇〇五年九月から全国森林組合連合会の月刊誌「森林組合」に連載したもの。山里を歩くと森林組合があまりにも元気がないので、肱黒直次さんにお願いして連載を始めさせていただいたのです。お世話になった組合の皆さん、私のこの本は、皆さんの組合再生のお役に立つでしょうか。そして、森への心配の余り、この一冊へ向けて猛スピードで走った私の〝森仕事〟を手伝って下さったゲストの皆さんと、励ましてくださった多くの皆さんに感謝を致します。

ひと夏の鮎釣りを我慢して、この本を書き上げました。「悠々として急げ」は、私自身にもいい聞かせた言葉だったのです。

著　者

二〇〇六年九月十一日
日本一美しい森と川の里、池川の「川の家」にて。

天野礼子（あまの　れいこ）

アウトドアライター（アウトドアエッセイスト・ノンフィクションライター）。

1953年、京都市生まれ。大阪市在住。中学、高校、大学を同志社に学ぶ。19歳より釣りを趣味とし、文化人類学者・今西錦司氏の主宰された「ノータリンクラブ」に属して、国内外の水辺を歩く。1988年、文学の師・開高健とともに長良川と日本の川を守る国民運動を始める。2000年より高知県仁淀川町の営林署官舎あとを借り、釣りや著作活動に通い始める。地元の人々と「仁淀川の“緑と清流”を再生する会」をつくり、木質バイオマスや林業のなどの勉強を重ねる。2005年には『“緑の時代”をつくる』を上梓し、林業再生への勉強を始める。現在、新生産システム「高知中央」のアドバイザーも務めている。また2004年から京都大学が提唱する「森里海連環学」を高知県に誘致し、仁淀川流域の行政・市民とともに、森と川と海のつらなりを取り戻す大規模な実験を展開中。

著書は、『ダムと日本』（岩波新書）、『だめダムが水害をつくる!?』（講談社＋α新書）、『市民事業』（中公新書ラクレ）、『“緑の時代”をつくる』（旬報社）など多数。

ホームページ「あまご便り」　http://www.uranus.dti.ne.jp/~amago/

“林業再生”最後の挑戦 ――「新生産システム」で未来を拓く――

2006年11月10日　第1刷発行
2010年 2 月 5 日　第3刷発行

著者　天野礼子

発行所　社団法人 農山漁村文化協会
郵便番号　107-8668　東京都港区赤坂7丁目6-1
電話　03（3585）1141（営業）　03（3585）1145（編集）
FAX　03（3589）1387　振替00120-3-144478
URL　http://www.ruralnet.or.jp/

ISBN978-4-540-06270-4
〈検印廃止〉

Printed in Japan
DTP制作/マキエ
印刷/（株）平文社
製本/根本製本（株）
落丁・乱丁本はお取り替えいたします。
定価はカバーに表示